市政专业高职高专系列教材

市政工程识图实训

王云江 林 呀 王 岗 汪 洋 主编

中国建筑工业出版社

图书在版编目（CIP）数据

市政工程识图实训/王云江等主编．—北京：中国建筑工业出版社，2011.6（2023.3重印）
市政专业高职高专系列教材
ISBN 978-7-112-13153-2

Ⅰ.①市… Ⅱ.①王… Ⅲ.①市政工程-工程制图-高等职业教育-教材 Ⅳ.①TU8

中国版本图书馆 CIP 数据核字（2011）第 060762 号

本教材为市政专业高职高专系列教材之一。全书分为两部分，第一部分市政工程识图综述，第二部分市政工程识图训练。其中市政工程识图训练包括道路（沥青路面）、道路（混凝土路面）、排水（常规开挖施工）、排水（顶管施工）、排水（牵引施工）、给水、桥梁（现浇梁板、深基础）、桥梁（浅基础）、隧道、路灯等十个项目。

本教材可作高职高专类专业学生的教学指导用书，也可作为相关工程技术人员的参考学习。

*　　*　　*

责任编辑：王　磊　田启铭
责任设计：李志立
责任校对：肖　剑　关　健

市政专业高职高专系列教材
市政工程识图实训
王云江　林　呀　王　岗　汪　洋　主编

*

中国建筑工业出版社出版、发行（北京西郊百万庄）
各地新华书店、建筑书店经销
北京红光制版公司制版
北京建筑工业印刷厂印刷

*

开本：850×1168 毫米　横 1/16　印张：10¾　字数：260 千字
2011 年 8 月第一版　　2023 年 3 月第六次印刷
定价：**36.00** 元
ISBN 978-7-112-13153-2
（20507）

版权所有　翻印必究
如有印装质量问题，可寄本社退换
（邮政编码　100037）

前　言

《市政工程识图实训》是一门实践性很强的综合实务能力训练课程。"图纸是工程师的语言"，识读施工图是工程技术人员必备的基本技术，识读能力反映了对施工图理解和实施的水平。《市政工程识图实训》课程以市政工程项目为载体，进行识读训练，通过训练学好该课程，具备识读能力，为后续课程学习打下良好基础。具备识读能力既是高职市政工程技术专业人才学习其他课程、掌握专业能力的要求，也是今后在技术与管理岗位上从事工作的必备条件。

施工图的基本识读能力，即掌握施工图的基本知识，能正确识读施工图，理解设计意图；并能对施工图进行校对审核，从中发现图纸中的问题。

通过学生阅读本教材选用的施工图纸，用实际的工程语言训练学生的识图能力，为市政工程技术专业相关课程及教学训练项目提供工程实例载体。

本书内容详尽、精炼，由市政工程识图综述和十个市政工程识图训练组成，训练一为道路（沥青路面）、训练二为道路（混凝土路面）、训练三为排水（常规开挖施工）、训练四为排水（顶管施工）、训练五为排水（牵引施工）、训练六为给水、训练七为桥梁（现浇梁板、深基础）、训练八为桥梁（浅基础）、训练九为隧道、训练十为路灯。

为了便于学生的使用，本教材在附录中列出了市政专业施工中常用的图例与符号。

本教材由王云江、林呀、王岗、汪洋编写，沈兴调、梁思俊审。

由于水平的限制，书中缺陷与问题在所难免，恳请读者批评指正。

目 录

第一章　市政工程识图综述 ………………………… 1
第一节　市政工程施工图识读基本知识 ………………… 1
　　一、识读方法 ……………………………………………… 1
　　二、识读要求 ……………………………………………… 1
第二节　道路工程图识读 …………………………………… 2
　　一、道路工程平面图 ……………………………………… 2
　　二、道路工程纵断面图 …………………………………… 2
　　三、道路工程横断面图 …………………………………… 4
　　四、道路路面结构图及路拱详图 ………………………… 4
第三节　桥梁工程图识读 ………………………………… 11
　　一、梁桥 ………………………………………………… 11
　　二、拱桥 ………………………………………………… 17
　　三、斜拉桥 ……………………………………………… 17
　　四、悬索桥 ……………………………………………… 22
　　五、刚构桥 ……………………………………………… 22
第四节　排水工程图识读 ………………………………… 25
　　一、排水工程平面图 …………………………………… 25
　　二、排水工程纵断面图 ………………………………… 26
　　三、排水构筑物图 ……………………………………… 26
第五节　其他市政工程识读 ……………………………… 31
　　一、涵洞工程图识读 …………………………………… 31
　　二、隧道工程图识读 …………………………………… 31
　　三、高架桥工程图识读 ………………………………… 35
　　四、挡土墙工程图识读 ………………………………… 35
　　五、城市通道工程图识读 ……………………………… 36
　　六、垃圾填埋场工程图识读 …………………………… 36

第二章　市政工程识图训练 ………………………… 44
训练一　道路（沥青路面） …………………………… 44
　　一、道路施工图设计说明（一） ……………………… 45
　　二、道路施工图设计说明（二） ……………………… 46
　　三、道路平面图（一） ………………………………… 47
　　四、道路平面图（二） ………………………………… 48
　　五、道路纵断面图（一） ……………………………… 49
　　六、道路纵断面图（二） ……………………………… 50
　　七、道路标准横断面图 ………………………………… 51
　　八、路面结构图 ………………………………………… 52
训练二　道路（混凝土路面） ………………………… 53
　　一、道路施工图设计说明（一） ……………………… 54
　　二、道路施工图设计说明（二） ……………………… 55
　　三、道路施工图设计说明（三） ……………………… 56
　　四、道路平面图（一） ………………………………… 57
　　五、道路平面图（二） ………………………………… 58
　　六、道路纵断面图 ……………………………………… 59
　　七、道路标准横断面图 ………………………………… 60
　　八、路面结构图 ………………………………………… 61
　　九、道路车道板块划分示意图 ………………………… 62
　　十、道路路面配筋图 …………………………………… 63

训练三　排水（常规开挖施工）	64
一、排水施工图设计说明	65
二、管位图	66
三、排水平面图（一）	67
四、排水平面图（二）	68
五、雨水纵断面图	69
六、污水纵断面图	70
七、排水结构施工图设计说明	71
八、D800～D1200承插管135°钢筋混凝土基础	72
九、单箅式雨水口平、剖面图	73
十、单箅式雨水口主要工程量及钢筋表	74
训练四　排水（顶管施工）	75
一、管位图	76
二、排水平面图	77
三、WJ11井结构图（一）	78
四、WJ11井结构图（二）	79
五、WD11井结构图（一）	80
六、WD11井结构图（二）	81
七、WD11井结构图（三）	82
八、d900F型钢筋混凝土管结构（一）	83
九、d900F型钢筋混凝土管结构（二）	84
训练五　排水（牵引施工）	85
一、排水平面图	86
二、W1～W2牵引管纵断面示意图	87
训练六　给水	88
一、给水施工图设计说明	89
二、给水平面图（一）	90
三、给水平面图（二）	91
四、给水节点图	92

五、给水材料表	93
训练七　桥梁（现浇梁板、深基础）	94
一、桥梁施工图设计说明（一）	95
二、桥梁施工图设计说明（二）	96
三、桥位平面图	97
四、桥型布置图	98
五、总体布置平面图	99
六、墩台一般构造图	100
七、连续梁板钢筋构造图（一）	101
八、连续梁板钢筋构造图（二）	102
九、连续梁板钢筋构造图（三）	103
十、桥台盖梁配筋图	104
十一、桥台背墙配筋图（西侧桥台）	105
十二、桥台背墙配筋图（东侧桥台）	106
十三、桥墩桩基配筋图	107
十四、桥台桩基配筋图	108
十五、桥墩横系梁构造图	109
训练八　桥梁（浅基础）	110
一、桥梁施工图设计说明（一）	111
二、桥梁施工图设计说明（二）	112
三、桥位平面图	113
四、桥型总体布置立面图	114
五、桥梁总体布置平面图	115
六、桥梁横断面图	116
七、桥台一般构造图	117
八、16m空心板中板一般构造图	118
九、16m空心板边板一般构造图	119
十、16m空心板中板普通钢筋构造图	120
十一、16m空心板边板普通钢筋构造图	121

十二、16m空心板预应力钢束构造图	122
十三、16m空心板普通钢筋数量表	123
十四、台帽配筋图	124
十五、承台配筋图	125

训练九　隧道　126

一、隧道施工图设计说明（一）	127
二、隧道施工图设计说明（二）	128
三、隧道施工图设计说明（三）	129
四、隧道施工图设计说明（四）	130
五、隧道施工图设计说明（五）	131
六、隧道洞口总体平面布置图	132
七、隧道地质纵断面设计图	133
八、建筑界限及内轮廓设计图	134
九、隧道北洞口洞门设计图（一）	135
十、隧道北洞口洞门设计图（二）	136
十一、隧道南洞口洞门设计图（一）	137
十二、隧道南洞口洞门设计图（二）	138
十三、洞门设计大样图	139
十四、北端明洞设计图	140
十五、南端明洞设计图	141
十六、明洞衬砌配筋设计图（一）	142

十七、明洞衬砌配筋设计图（二）	143
十八、Ⅴ级围岩复合衬砌设计图	144
十九、Ⅴ级围岩复合衬砌配筋设计图	145
二十、Ⅴ级围岩初期支护钢支撑设计图（一）	146
二十一、Ⅴ级围岩初期支护钢支撑设计图（二）	147
二十二、洞口长管棚设计图	148
二十三、洞口长管棚套拱配筋设计图	149
二十四、超前小导管设计图	150
二十五、隧道路面结构设计图	151
二十六、隧道防排水设计图	152

训练十　路灯　153

一、路灯施工图设计说明	154
二、照明系统图（一）	155
三、照明系统图（二）	156
四、电缆手井结构图	157
五、路灯基础图及检查井结构图	158
六、路灯平面图（一）	159
七、路灯平面图（二）	160
八、路灯平面图（三）	161

附录：常用图例与符号 162

第一章 市政工程识图综述

第一节 市政工程施工图识读基本知识

一套市政工程施工图通常由图纸目录、施工图设计说明、平面图、纵断面图、立面图、横断面图、构造图、结构图、配筋图等图纸组成。"图纸是工程师的语言",设计人员通过绘制施工图,来表达设计构思和设计意图,而施工人员通过正确地识读施工图,理解设计意图,并按图施工,使工程图变为工程实物。

一、识读方法

首先应掌握投影原理和熟悉市政道路、桥涵、管道等构造及常用图例,其次是正确掌握识读图纸的方法和步骤,并且要耐心细致,并结合实践反复练习,不断提高识读图纸的能力。

1. 由下往上、从左往右的看图顺序是施工图识图的一般顺序。
2. 由先到后看,指根据施工先后顺序,比如看桥梁施工图,以基础墩台下部结构到梁桥桥面的上部结构依次看,此顺序基本上也是桥梁施工图编排的先后顺序。
3. 由粗到细,由大到小,先粗看一遍,了解工程概况,总体要求等,然后细看每张图,熟悉图的尺寸、构件的详图配筋等。
4. 将整套施工图纸结合起来看,从整体到局部,从局部到整体,系统看读。

二、识读要求

识读施工图必须按部就班,认真细致,系统阅读,相互参照,反复熟悉。

(一) 道路工程图识读

1. 看目录表,了解图纸的组成。
2. 看设计说明,了解道路施工图的主要文字部分。设计说明主要是对市政施工图上未能详细表达或不易用图纸表示的内容用文字或图表加以描述。
3. 识读平面图,了解平面图上新建工程的位置、平面形状,能进行主点坐标计算、桩号推算,平曲线计算,是施工过程中定位放线的主要依据。
4. 识读纵断面图,了解构筑物的外形和外观、横纵坐标的关系,识读构筑物的标高,能进行竖曲线要素计算。
5. 识读横断面图,能进行土石方量的计算。
6. 识读沥青路面结构图,了解结构的组合、组成的材料,能进行工程量的计算。
7. 识读水泥路面的结构图,了解水泥混凝土路面接缝分类名称、对接缝的基本要求,常用钢筋级别与作用,能进行工程量的计算。

(二) 桥梁工程图识读

1. 看目录表,了解图纸的组成。
2. 看设计说明,了解桥梁施工图的主要文字部分。
3. 识读桥梁总体布置图,各个工程结构图的名称、结构尺寸等。
4. 识读桥梁下部结构的桩基础、桥台、桥墩施工图。
5. 识读钢筋混凝土简支梁桥施工图。
6. 识读桥面系施工图,桥面铺装、桥面排水、人行道、栏杆、灯柱及桥面伸缩缝构造。

7. 识读钢筋布置图，各类钢筋代号、根数、位置、作用、钢筋工程量的计算。

在读懂施工图的基础上，对施工图进行校核，找出图纸中"漏"、"错"等问题，并提出有关建议。

（三）排水工程图识读

1. 看目录表，了解图纸的组成。
2. 看设计说明，了解排水施工图的主要文字部分。
3. 识读平面图，了解平面图上面污水管道的布置、管径、排向、坡度、标高等。
4. 识读纵断面图，了解排水管道的管径、坡度、标高等，并与平面图相对应。
5. 识读排水结构图，了解排水检查井、雨水口等结构构造。

第二节 道路工程图识读

城市道路主要由机动车道、非机动车道、人行道、绿化带、分隔带、交叉口及其他各种交通设施所组成。城市道路工程图主要包括道路平面图、纵断面图、横断面图、路面结构图等。

一、道路工程平面图

道路平面图表示道路的走向、平面线型、两侧地形地物情况、路幅布置、路线定位等内容，如图1-1所示。道路平面设计部分内容包括道路红线、道路中心线、里程桩号、道路坐标定位、道路平曲线的几何要素、道路路幅分幅线等内容。道路红线规定道路的用地界限，用双点长画线表示；里程桩号反映道路各段长度和总长度，一般在道路中心线上，也可向垂直道路中心线上引一细直线，再在同样边上注写里程桩号。如1+580，即距路线起点为1580m；如里程桩号直接注写在道路中心线上，则"＋"号位置即为桩的位置。道路定位一般采用坐标定位；在图样中绘出坐标图，并注明坐标，例如其x轴向为南北方向（上为北），y轴向为东西方向；道路分幅线分别表示机动车道、非机动车道、人行道、绿化隔离带等内容。

道路平曲线的几何要素的表示及控制点位置的图示，如图1-2所示，JD点表示路线转点。α角为路线转向的折角，它是沿路线前进方向向左或向右偏转的角度。R为圆曲线半径，T为切线长，L为曲线长，E为外矢距。图中曲线控制点：ZH"直缓"为曲线起点，HY为缓圆交点，QZ表示曲线中点，YH为圆缓交点，HZ为缓直交点。当只设圆曲线不设缓和曲线时，控制点为：ZY"直圆点"，QZ"曲中点"，YZ"圆直点"。

二、道路工程纵断面图

道路纵断面图主要反映道路沿纵向（即道路中心线前进方向）的设计高程变化、道路设计坡长和坡度、原地面标高、地质情况、填挖方情况、平曲线要素、竖曲线等。如图1-3所示，图中水平方向表示道路长度，垂直方向表示高程，一般垂直方向的比例按水平方向比例放大10倍，如水平方向为1:1000，则垂直方向为1:100，这样图上的图线坡度比实际坡度要大，看上去较为明显。图中粗实线表示路面设计高程线，反映道路中心高程；不规则细折线表示沿道路中心线的原地面线，根据中心桩号的地面高程连接而成，与设计路面线结合反映道路大的填挖情况。设计路面纵坡变化处两相邻坡度之差的绝对值超过一定数值时，需在变坡点处设置凸或凹形竖曲线。在设计高程线上方用"⌣"表示的是凹形竖曲线，用"⌢"表示的为凸形竖曲线，如图1-3所示，某城市道路纵断面图中所设置的竖曲线：$R=6960.412$m，$T=35.000$m，$E=0.088$m，竖曲线符号的长度与曲线的水平投影等长。图中为凸形竖曲线，符号处注明竖曲线各要素（竖曲线半径R、切线长T、外矢距E）。

图1-3中纵断图主要表示内容如下：

1. 坡度及距离：是指设计高程线的纵向坡度和其水平距离。表中对角线表示坡度方向，由下至上表示上坡，由上至下表示下坡，坡度表示在对角线上方，距离在对角线下方，使用单位为"米"。

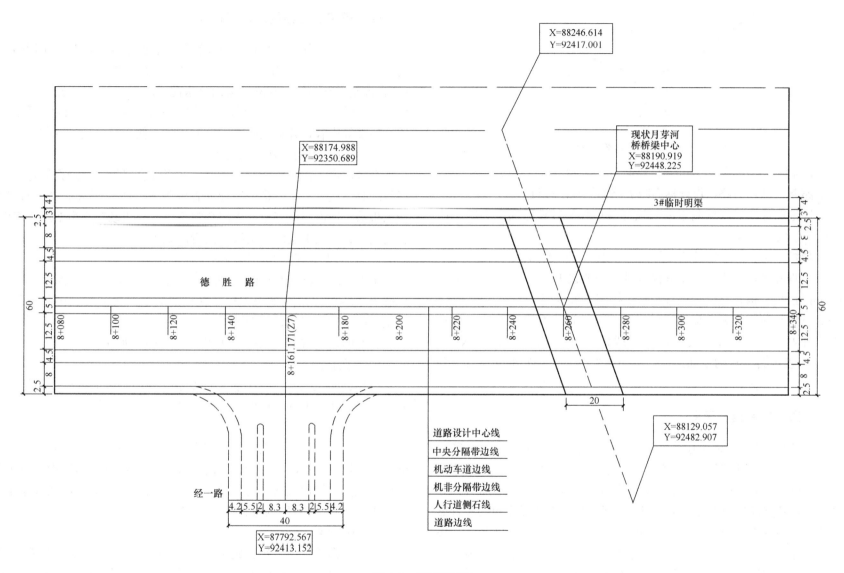

图 1-1 道路平面图

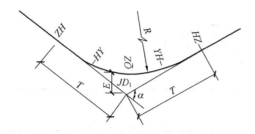

图 1-2 道路平曲线要素示意图

2. 路面标高：注明各里程桩号的路面中心设计高程，单位为"米"。

3. 路基标高：为路面设计标高减去路面结构层厚度。

4. 原地面标高：根据测量结果填写各里程桩号处路面中心的原地面高程，单位为"米"。

5. 填挖情况：反映设计路面标高与原地面标高的高差。

6. 里程桩号：按比例标注里程桩号，一般设 km 桩号、100m 桩号（或 50m 桩号）、构筑物位置桩号及路线控制点桩号等。

7. 直线与曲线：表示该路段的平面线型，通常画出道路中心线示意图，如"——"表示直线段，平曲线的起止点用直角折线表示，"⌐⌐"表示右偏转的平曲线，"⌐⌐"表示左偏转的平曲线，并注明平曲线几何要素。

三、道路工程横断面图

道路横断面图是指沿道路中心线垂直方向的断面图，一般采用 1：100 或 1：200 的比例，表示各组成部分的位置、宽度、横坡及照明等情况，反映机动车道、非机动车道、人行道、分隔带、绿化带等部分的横向布置及路面横向坡度情况。根据机动车道和非机动车道的布置形式不同，道路横断面布置形式有：单幅路（一块板）、双幅路（二块板）、三幅路（三块板）、四幅路（四块板）。图 1-4 中所示断面为四幅路（四块板）布置形式。用机非分隔带分离机动车道和非机动车道，再用中央分隔带分隔机动车道，机非分离、分向行驶。

四、道路路面结构图及路拱详图

路面是用各种筑路材料铺筑在路基上直接承受车辆荷载作用的层状构筑物。道路路面结构按路面的力学特性及工作状态，分为柔性路面（沥青混凝土路面等）和刚性路面（水泥混凝土路面等）。路面结构分为面层、基层、底基层、垫层等。结构图中需注明每层结构的厚度、性质、标准等内容，并标注必要的尺寸（如平侧石尺寸）、坡向等。

（一）沥青混凝土路面结构图

沥青面层可由单层或双层或三层沥青混合料组成。选择沥青面层各层级配时，至少有一层是密级配沥青混凝土，防止雨水下渗。如图 1-5 所示机动车道面层由三层沥青混合料组成，非机动车道由双层沥青混合料组成，其中最上层均为密级配沥青混凝土。

（二）水泥混凝土路面结构图

水泥混凝土路面结构图，如图 1-6 所示。水泥混凝土路面面层厚度一般为 18～25cm，为避免温度变化使混凝土产生裂缝和拱起现象，混凝土路面需划分板块，如图 1-7 所示。

分块的接缝有下列几种，如图 1-7、图 1-8 所示。

1. 纵向接缝

（1）纵向施工缝：一次铺筑宽度小于路面宽度时，设纵向施工缝，采用平缝形式，上部锯切槽口，深度 30～40mm，宽度 3～8mm，槽内灌塞填缝料。

（2）纵向缩缝：一次铺筑宽度大于 4.5m 时设置纵向缩缝，采用假缝形式，锯切槽口深度宜为板厚的 1/3～2/5。纵缝应与路中心线平行，一般做成企口缝形式或拉杆形式；拉杆采用螺纹钢筋，设在板厚中央，拉杆中部 100mm 范围内进行防锈处理。

2. 横向接缝

（1）横向施工缝：每日施工结束或临时施工中断时必须设置横向施工缝，位置尽量选在缩缝或胀缝处。设在缩缝处施工缝，应采用加传力杆的平缝形式，设在胀缝处施工缝，构造与胀缝相同。

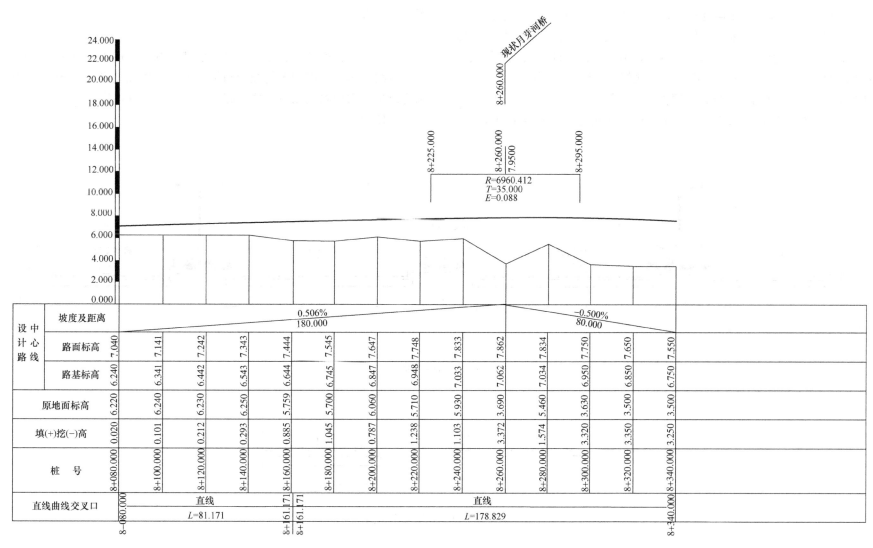

图 1-3　道路纵断图

说明：1. 本图单位以米计。
2. 本图比例横向为 1∶2000，纵向为 1∶200。

（2）横向缩缝：采用假缝形式，特重或重交通道路及邻近胀缝或自由端部的 3 条缩缝，应采用设传力杆假缝形式，其他情况可采用不设传力杆假缝形式。传力杆应采用光面钢筋，最外侧传力杆距纵向接缝或自由边的距离为 150～250mm。横向缩缝顶部锯切槽口，深度为面层厚度的 1/5～1/4，宽度为 3～8mm，槽内灌塞填缝料。

（3）胀缝：邻近桥梁或其他固定构造物处或与其他道路相交处应设置横向胀缝。

（三）路拱

路拱根据路面宽度、路面类型、横坡度等，选用不同方次的抛物线形、直线接不同方次的抛物线形与折线形等路拱曲线形式。图 1-5 中所示为改进二次抛物线路拱形式。路拱大样图中应标出纵、横坐标，供施工放样使用。

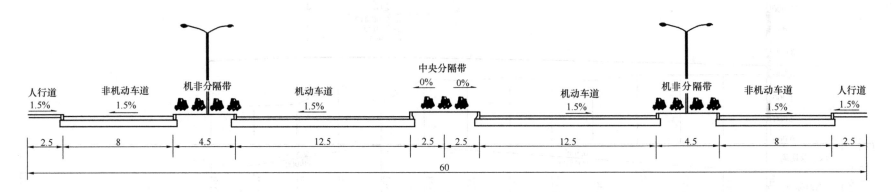

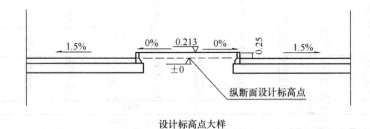

图 1-4 道路标准横断面

说明：本图尺寸以米计。

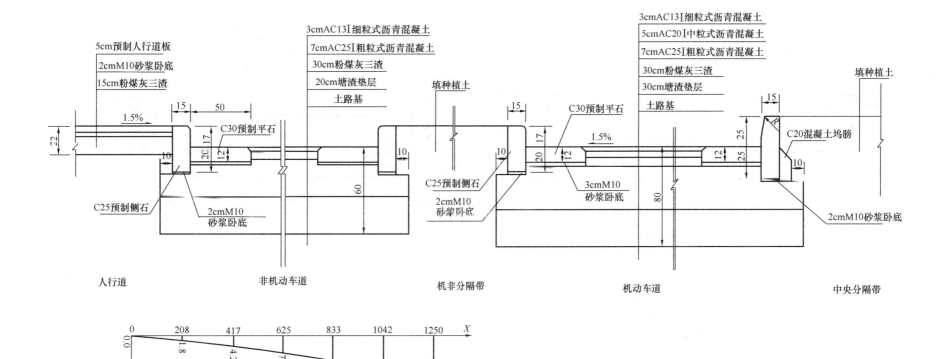

图 1-5 沥青混凝土路面结构图

说明：1. 本图尺寸以厘米计。
2. 机动车道沥青混凝土路面顶面允许弯沉值为 0.048cm，基层顶面允许弯沉为 0.06cm。
3. 非机动车道沥青混凝土路面顶面允许弯沉值为 0.056cm，基层顶面允许弯沉值为 0.07cm。
4. 粉煤灰三渣基层配合比（重量比）为粉煤灰：石灰：碎石＝32：8：60。
5. 土基模量必须大于等于 25MPa，塘渣顶面回弹模量必须大于等于 35MPa，塘渣须有较好级配，最大粒径小于等于 10cm。
6. 中央绿带采用高侧石，机非隔离带采用普通侧石。

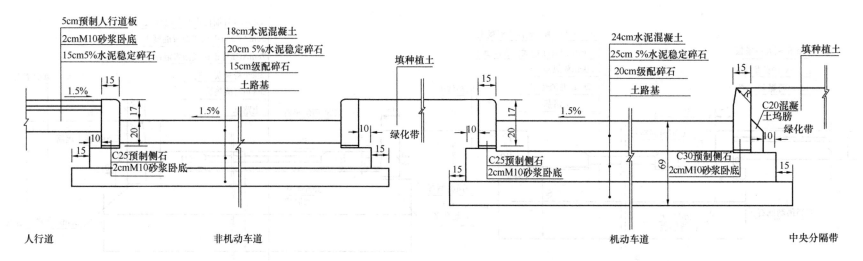

图1-6 水泥混凝土路面结构图

说明：1. 本图尺寸以厘米计。
2. 机动车道路面设计抗弯拉强度大于等于4.5MPa，基层回弹模量大于等于100MPa。
3. 非机动车道路面设计抗弯拉强度大于等于4.5MPa，基层回弹模量大于等于80MPa。
4. 土基模量必须大于等于25MPa，级配碎石顶面回弹模量必须大于等于30MPa。
5. 中央分隔带采用高侧石，侧石每节长1m。
6. 水泥稳定碎石7天抗压强度不小于3.0MPa。
7. 混凝土路面养护28天后方可开放交通。
8. 路基采用塘渣回填，基层下30cm范围内，塘渣粒径不大于10cm，30cm以下，塘渣粒径不大于15cm，填方固体率不小于85%。

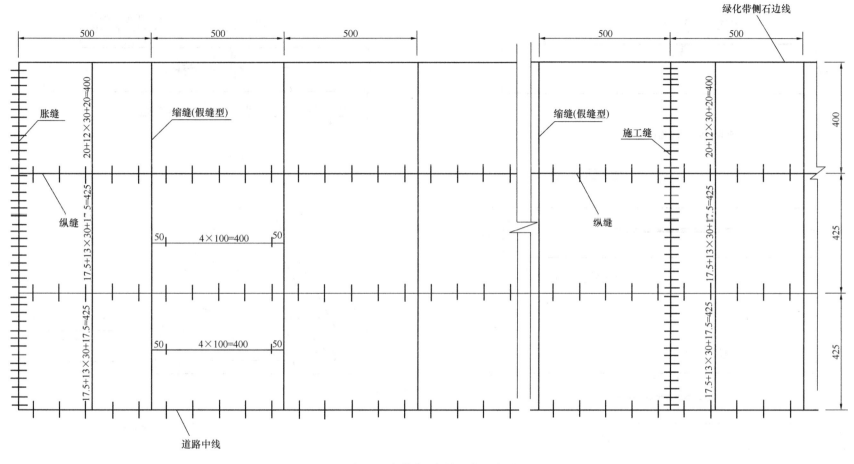

图 1-7 车道路面板块划分示意图

说明：1. 本图尺寸以厘米计。
2. 每天的施工终点均需设施工缝且应在横缝位置。缩缝必须做在 5m 的倍数桩号处，均采用假缝式。
在距横向自由端的三条缩缝及靠近胀缝的三条缩缝均为设传力杆的缩缝。
施工胀缝间距为 100~200m。混凝土板与交叉口相接以及混凝土板厚度变化处，小半径平曲线、竖曲线处，均应设置胀缝。
3. 水泥板块如遇胀缝，板块纵向长度可适当调整。

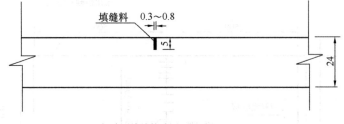

假缝型缩缝构造图1:10

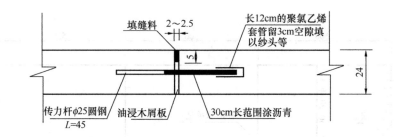

胀缝构造图1:10

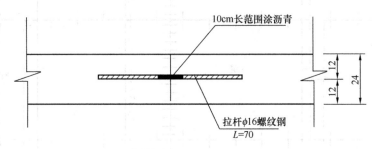

纵缝构造图1:10

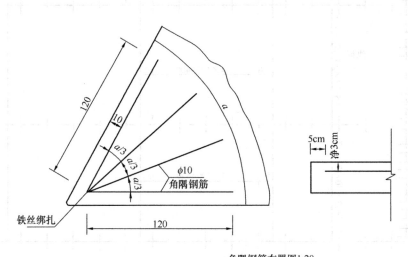

角隅钢筋布置图1:20

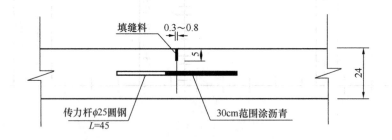

横向施工缝构造图1:10

图 1-8　路面配筋图

说明：1. 本图尺寸除钢筋直径以毫米计外，其余均以厘米计。
　　　2. 填缝料采用聚氨酯。

第三节　桥梁工程图识读

桥梁由上部结构、下部结构和附属结构组成。

上部结构：也称桥跨结构，是路线跨越障碍的主要承重构件，其中包括承重结构和桥面系。

下部结构：是支承桥跨结构的构筑物，包括桥台、桥墩和基础。

附属结构：包括锥形护坡、护岸、导流结构物等。

桥梁工程图由桥梁总体布置图和构件结构图等组成，下面分别介绍常见的桥梁结构形式：梁桥、拱桥、斜拉桥、吊桥四种桥型的基本构造。

一、梁桥

（一）总体布置图

总体布置图一般由立面图（半剖面图）、平面图和横断面图表示，主要表明桥梁的形式、跨径、孔数、总体尺寸、各主要构件的相互位置关系、桥梁各部分的标高及说明等是桥梁定位中墩台定位构件安装及标高控制的重要依据。

1. 立面图

总体立面图一般采用半立面图和半纵剖面图来表示，半立面图表示其外部形状，如图示出桩的形状及桩顶、桩底的标高、桥墩与桥台的立面形式、标高及尺寸，标高主梁的形式、梁底标高的相关尺寸，各控制位置如桥台起、止点和桥墩中线的里程桩号。

半纵剖面图表示其内部构造，如图示出桩的形式及桩底桩顶标高；桥墩与桥台的形式及帽梁、承台、桥台、剖面形式；主梁形式与梁底标高及梁的纵剖面形式，各控制点位置及里程桩号。图示出桥梁所在位置的河床断面，用图例示意出土质分属，并注明土质名称。用剖切符号注出横剖面位置，标注出桥梁中心桥面标高及桥梁两端标高，注明各部位尺寸及总体尺寸。图示出常年水位(洪水)最低水位及河床中心地面的标高，在图样左侧画出高程标尺。如图1-9所示。由总体布置立面图可看出：

（1）跨径：全桥为一跨，跨径为20m；

（2）桥墩台形式：桥台为重力式桥台，由台帽、台身、承台组成；

（3）基础：桩基为钻孔灌注桩基础，每个桥台下布设两排；

（4）总体尺寸、标高：由图可了解桥梁起终点桩号、桥面标高、河底标高、水位标高、桩基底标高及桩径尺寸等；

（5）其他：由地质剖面图可了解到地质大致情况及一些附属构件如桥台后搭板的长度等。

2. 平面图

表示桥梁的平面布置形式，可看出桥梁宽度、桥梁与河道的相交形式、桥台半面尺寸以及桩的平面布置方式，如图1-10所示。

3. 横断面图

主要表示桥梁横向布置情况，从图中可看出桥梁宽度、桥上路幅布置、梁板布置及梁板形式，也可看出桩基的横向布置，如图1-11所示。

（二）构造及配筋图

1. 空心板构造及配筋图

（1）构造图由平、立、剖面共同表示，可清楚了解空心板的内外部构造尺寸，并由图中的绞缝图了解空心板与空心板间的连接情况，如图1-12所示。

（2）配筋图由普通钢筋构造图与预应力钢筋构造图组成。预应力空心板受力筋为预应力钢筋，普通钢筋则为构造钢筋，如图1-13所示。

1) 普通钢筋构造图：表示空心板中构造钢筋布置情况，钢筋编号采用N表示，N1、N2、N3为纵向布置钢筋，为梁中主要构造钢筋，对分散梁中应力及控制非受力裂缝起较大作用，N1通长布置。由于绞缝的缘故，N2、N3号筋共同组成通长筋，N1下缘布置8根，上缘8根，两侧各3根，共22根；N4、N5、N6、N7共同组成箍筋，梁端部间距为10cm，中部为20cm，主要作用为架立并承担部分剪力，与纵向

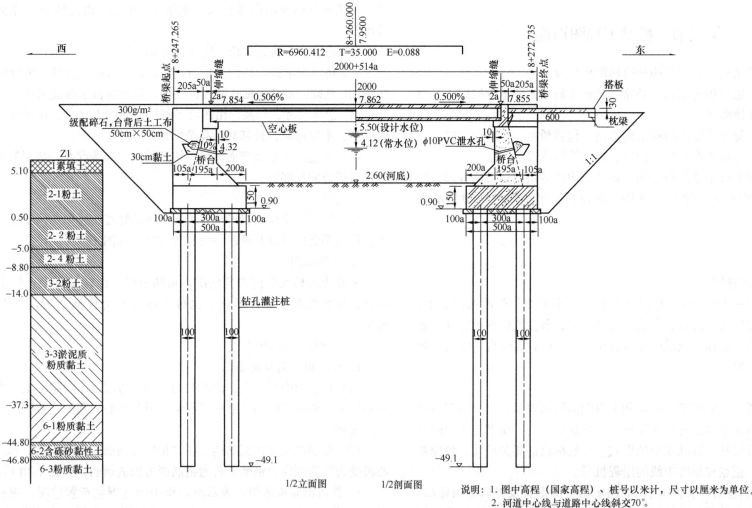

图 1-9 总体布置立面图

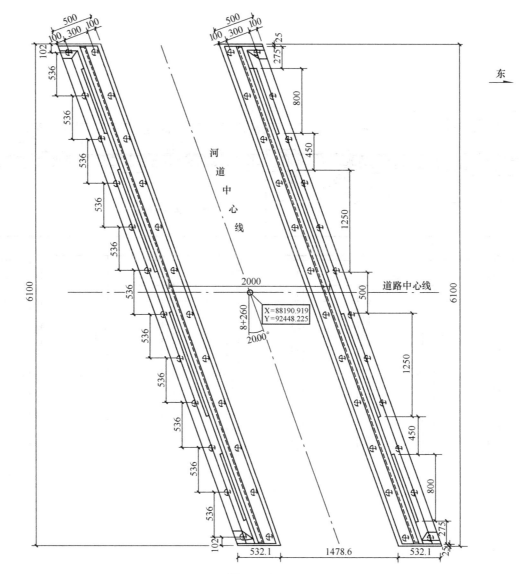

图 1-10 总体平面布置图
说明：图中桩号、坐标均以米计，尺寸以厘米计。

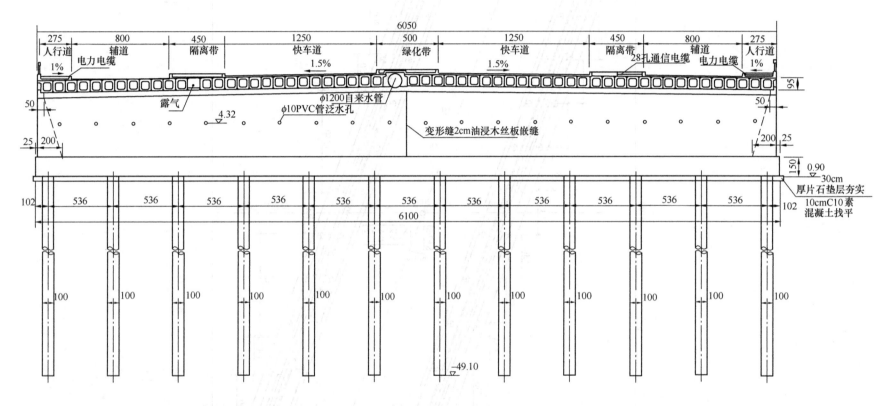

图 1-11 桥台横断面图

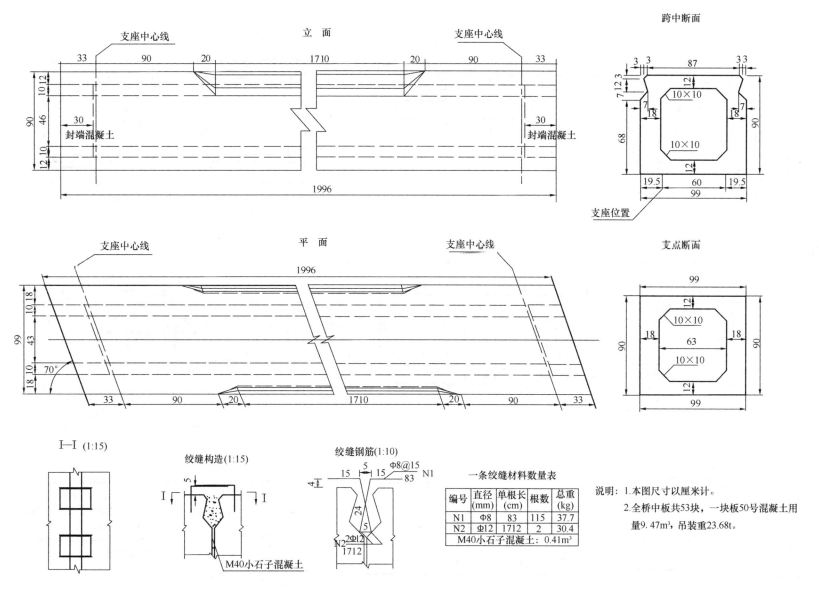

图1-12 20m空心板中板一般构造图

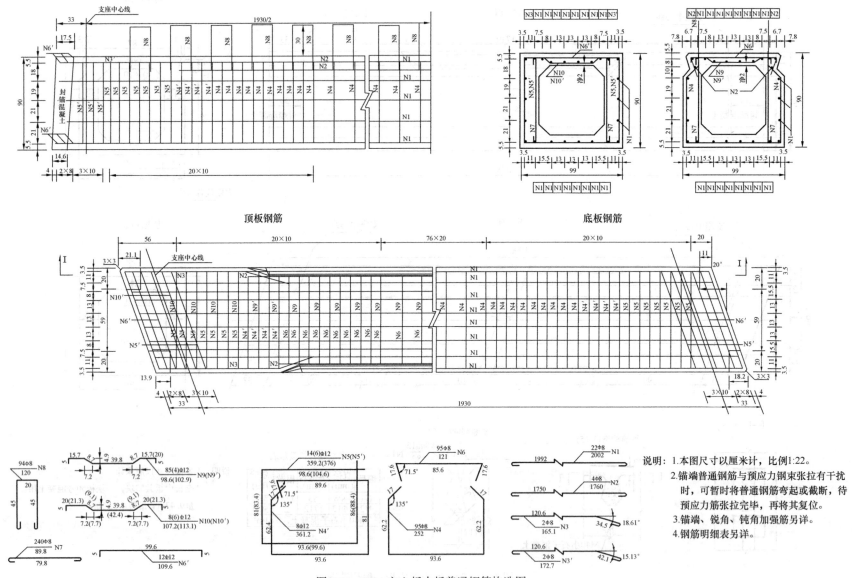

图1-13 20m空心板中板普通钢筋构造图

钢筋组成普通钢筋骨架；N8 号筋为板间连接钢筋，作用为加强两空心板间的连接刚度；N9、N10 为空心板顶板下缘筋，主要承担空心板顶板弯矩。图中画出了每种钢筋的详图。

2) 预应力钢束构造图：板梁为后张法预应力空心板梁，由图中预应力钢束坐标表可知预应力筋立面布置位置；一块空心板共四束钢束，每束由 4 根高强低松弛钢绞线组成，由说明还可看出预应力孔道由预埋波纹管形成及锚具型号。预应力钢筋为梁板中主要受力钢筋，承受梁板的主要弯矩及剪力，如图 1-14 所示。

2. 桩基构造及配筋图

因桩基外形简单无需另出构造图，由图中可知桩基为桩径 1 米的钻孔灌注桩基础。①、②号筋为主筋，主要承受桩所受的弯矩及部分剪力，由于本桥桩基采用摩擦桩，考虑桩顶以下一定深度弯矩及水平力均较小，主筋不需通长布置，①号筋从上到下约布置到桩长 2/3、②号筋约为桩长的 1/2；③号筋为加强钢筋，于主筋焊接，每 2 米布设一道；④、⑤号筋为螺旋箍筋，与主筋绑扎形成钢筋笼，并受部分水平力，其中⑤号筋为桩顶处螺旋筋，主筋在桩顶处弯起，使其与承台连接更牢固；⑥号筋为定位钢筋，布置在加强筋四周，如图 1-15 所示。

二、拱桥

拱桥是在竖向力作用下具有水平推力的结构物，以承受压力为主。传统的拱桥以砖、石、混凝土为主修建，也称圬工桥梁。现代的拱桥如钢筋混凝土拱桥则以优美的造型已为市政桥梁的首选桥梁，这是传统拱桥和现代梁桥的完美结合。

1. 立面图

如图 1-16 所示为一座跨径 $L=6$m 空腹式悬挂线双曲无铰拱桥。左半立面图表示，左侧桥台、拱、人行道栏杆及护坡等主要部分的外形视图；右半纵剖面图是沿拱桥中心线纵向剖开而得到的，右侧桥台、拱和桥面均应按剖开绘制。主拱圈采用圆弧双曲无铰拱，矢跨比 1/5，拱顶与拱腹墩下各设两道横系梁，拱座采用 C20 混凝土。桥跨与桥台结构均为混凝土壳板内填筑粉煤灰土。

2. 平面图

左半平面图是从上向下投影得到的桥面俯视图，主要画出了车行道、栏杆等位置，由所注尺寸可知桥面净宽为 4.00m，横坡为 2%；右半剖面图画出了混凝土壳板、伸缩缝及桥台尺寸。

3. 剖面图

根据立面图中所注的剖切位置可以看出 1—1 剖面是在中跨位置剖切的，2—2 剖面是在左边位置剖切的。

三、斜拉桥

斜拉桥具有外形轻巧，简洁美观，跨越能力大的特点。主梁、索塔、拉索、锚固体系和支承体系是构成斜拉桥的五大要素，如图 1-17 (a) 所示。

1. 立面图

如图 1-17 (b) 所示，为一座双塔单索面钢筋混凝土斜拉桥，主跨为 185m、两边边跨各为 80m。立体图反映了河床起伏及水文情况，根据标高尺寸可知钻孔灌注桩直径，基础的深度，梁底、桥面中心和通航水位的标高尺寸。

2. 平面图

如图 1-17 (c) 所示，以中心线为界，左半边画外形，显示了人行道和桥面的宽度，并显示了塔柱断面和拉索。右半边是把桥的上部分揭去后，显示桩位的平面布置图。

3. 横剖面图

如图 1-17 (d) 所示，梁的上部结构，桥面总宽为 29m，两边人行道包括栏杆为 1.75m，车道为 11.25m，中央分隔带为 3m，塔柱高为 58m。同时还显示了拉索在塔柱上的分布尺寸、基础标高和灌注桩的埋置深度等。

4. 箱梁剖面图

如图 1-17 (e) 所示，显示单箱三室钢筋混凝土梁的各主要部分尺寸。

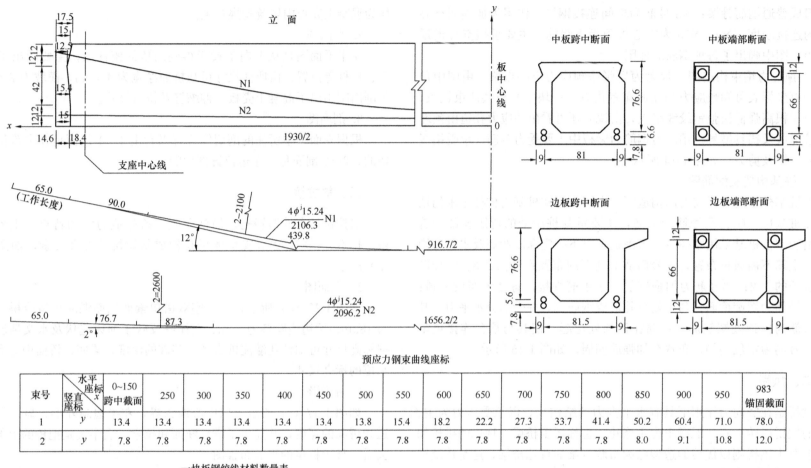

图 1-14　20m 空心板预应力钢束构造图

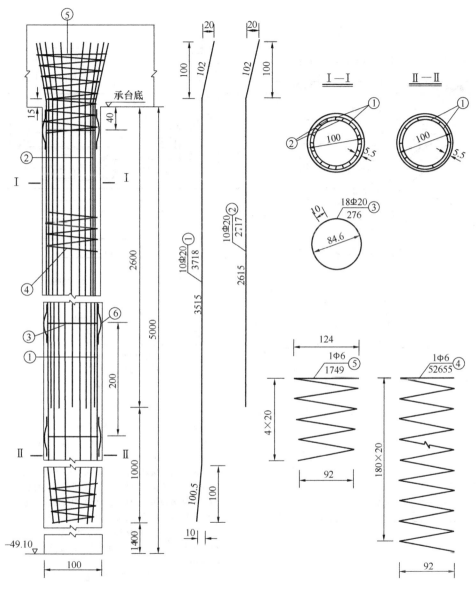

一根桩材料数量表

编号	直径(mm)	长度(cm)	根数	共长(m)	共重(kg)	总重(kg)
1	Φ20	3718	10	371.80	918.3	1712.1
2	Φ20	2717	10	271.70	671.1	
3	Φ20	276	15	49.65	122.7	
4	φ8	52655	1	526.55	206.0	214.9
5	φ6	1749	1	17.49	6.9	
6	Φ12	53	72	38.16	33.9	33.9
C25混凝土(m³)					39.27	

说明：1. 图中尺寸除钢筋直径以毫米计，余均以厘米为单位。
2. 加强钢筋绑扎在主筋内侧，其焊接方式采用双面焊。
3. 定位钢筋N6每隔2m设一组，每组4根均匀设于加强筋N3四周。
4. 沉淀物厚度不大于15cm。
5. 钻孔桩全桥48根。

图 1-15　灌注桩配筋图

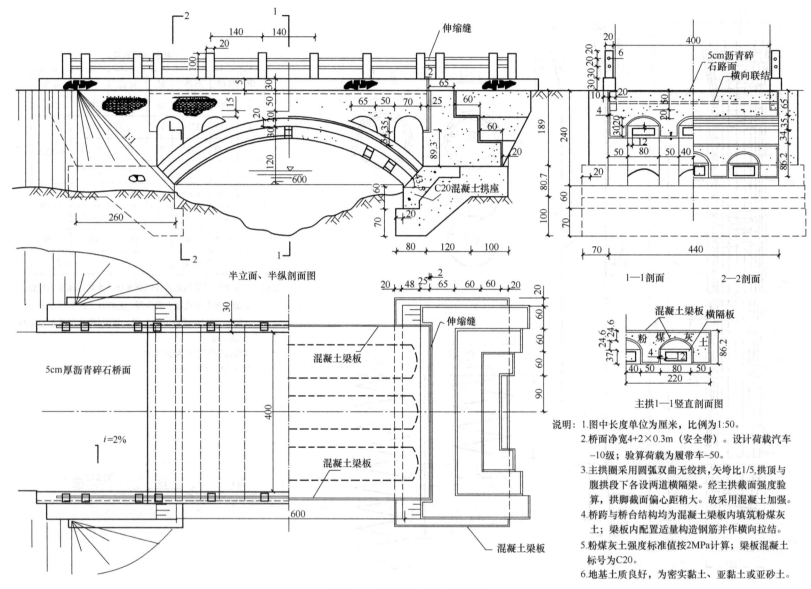

图 1-16 拱桥平、立、剖面图

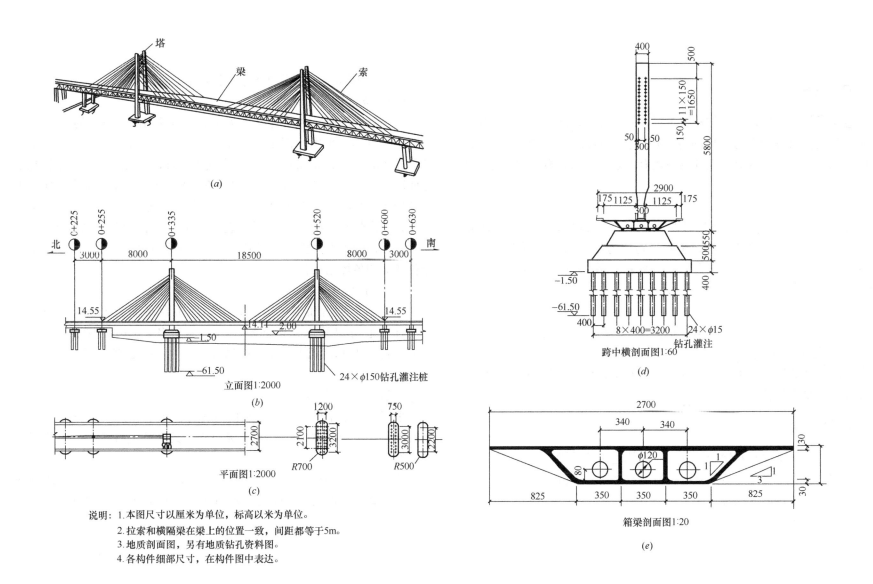

图 1-17 斜拉桥透视图

四、悬索桥

悬索桥也称吊桥，具有结构自重轻，简洁美观，能以较小的建筑高度跨越其他任何桥型无与伦比的特大跨度。悬索桥主要由主缆、锚碇、索塔、加劲梁、吊索组成，细部构造还有主索鞍、散索鞍、索夹等，如图 1-18 所示。

1. 立面图

如图 1-18 所示，为一座连续加劲钢箱梁悬索桥，主跨为 648m，两边边跨各为 230m 设边吊杆，中跨矢跨比为 1/10.5，边跨矢跨比为 1/29.58，塔顶主缆标高为 131.425m，散索鞍中主梁标高为 66.711m。

2. 平面图

显示锚碇和索塔等，并显示桥总宽为 36.60m。

3. 加劲梁构造图

梁的上部结构，桥宽为 30.594m，八车道，设计横坡为 2%。显示连续加劲钢箱梁的各主要部分尺寸。

五、刚构桥

桥跨结构（主梁）和墩台（支柱）整体连接的桥梁称为刚构桥。它是在桁架拱桥和斜腿刚构桥的基础上发展起来的一种桥梁。它具有外观美观大方、整体性能好的优点。

图 1-19 所示是钢筋混凝土刚构拱桥的总体布置图。

（一）立面图

由于刚架拱桥一般跨径不是太大，故可采用 1：200 的比例画出，从图 1-19（本图采用比例 1：200）中可以看出，该桥总长 63.274m，净跨径 45m，净矢高 5.625m，重力式 U 形桥台，刚架拱桥面宽 12m。立面用半个外形投影图和半个纵剖面图合成。同时反映了刚架拱桥的内外结构构造情况，在立面的半纵剖面图中，将横系梁断面，主梁、次梁侧面，主拱腿和次拱腿侧面形状表达清楚，对右桥台的结构形式及材料，左桥台的锥坡立面也作了表示。同时显示了水文、地质及河床起伏变化情况和各控制高程。

（二）平面图

采用半个平面和半个揭层画法，把桥台平面投影画了出来，从尺寸标注上可以看出，桥面宽 11m，两边各 50cm 防撞护栏，对照立面，可见左侧次梁与桥台相接处留有 5cm 伸缩缝。河水流向是朝向读者。

（三）侧面图及数据表

采用Ⅰ—Ⅰ半剖面，充分利用对称性、节省图纸，从图 1-19 中可以看出，四片刚架拱由横系梁连接而成，其上桥面铺装 6cm 厚沥青混凝土作行车部分。

总体布置图的最下边是一长条形数据表，表明了桩号、纵坡及坡长，设计高和地面高，以作为校核和指导施工放样的控制数据。

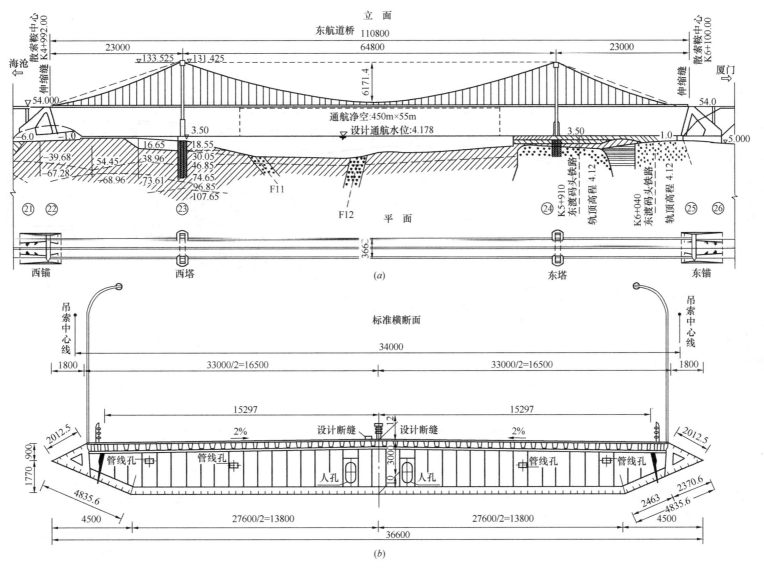

图 1-18 悬索桥总体布置图（尺寸单位：cm）
(a) 总体布置图；(b) 加劲梁一般构造图

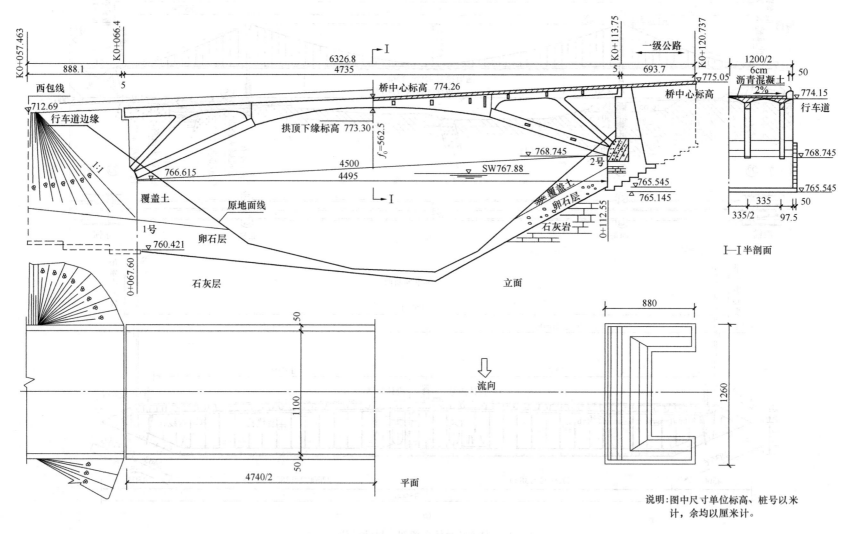

图 1-19 某钢筋混凝土刚构拱桥的总体布置图

第四节 排水工程图识读

排水工程图主要表示排水管道的平面及高程布置情况，一般由排水工程平面图、排水工程纵断面图和排水工程构筑物图组成。

一、排水工程平面图

如图1-20所示，排水平面图中表现的主要内容有：排水管布置位置、

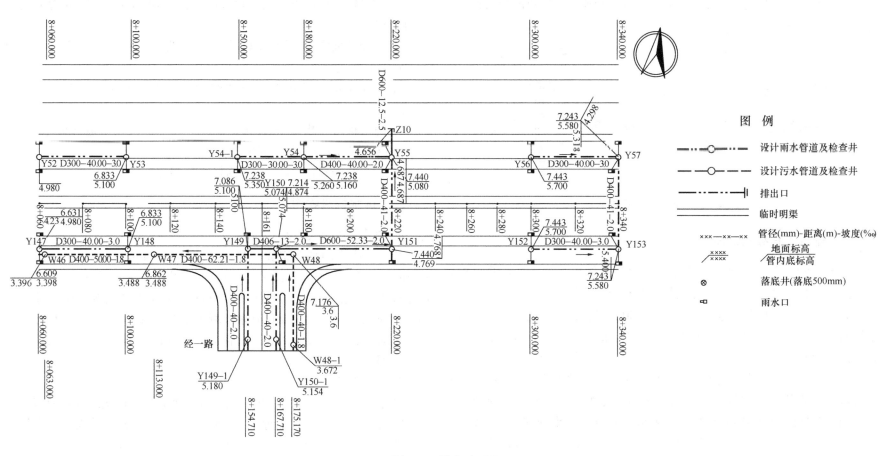

图1-20 排水平面图

说明：1. 本图尺寸：距离、标高以米计（黄海标高系），其余以毫米计。
2. 本图所标排水管标高均为管内底标高。

管道标高、检查井布置位置、雨水口布置情况等。图中雨水管采用粗点画线、污水管道采用粗虚线表示，并在检查井边标注"Y"、"W"分别表示雨水、污水井代号；排水平面图上画的管道均为管道中心线，其平面定位即管道中心线的位置；排水平面图中标注应表明检查井的桩号、编号及管道直径、长度、坡度、流向和检查井相连的各管道的管内底标高，如图1-21所示。

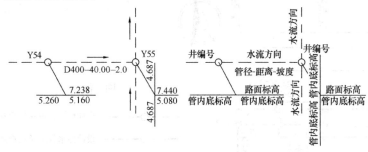

图1-21 管道、检查井标注

二、排水工程纵断面图

如图1-22、图1-23所示，排水工程纵断面图中主要表示：管道敷设的深度、管道管径及坡度、路面标高及相交管道情况等。纵断图中水平方向表示管道的长度，垂直方向表示管道直径及标高，通常纵断面图中纵向比例比横向比例放大10倍；图中横向粗实线表示管道、细实线表示设计地面线、两根平行竖线表示检查井，雨水纵断面图中若竖线延伸至管内底以下的则表示落底井；图中可了解检查井支管接入情况以及与管道交叉的其他管道管径、管内底标高、与相近检查井的相对位置等，如支管标注中"SYD400"分别表示"方位（由南向接入）、代号（雨水）、管径（400）"。以雨水纵断图中Y54~Y55管段为例说明图中所示内容：

1. 自然地面标高：指检查井盖处的原地面标高，Y54井自然地面标高为5.700。

2. 设计路面标高：指检查井盖处的设计路面标高，Y54井设计路面标高为7.238。

3. 设计管内底标高：指排水管在检查井处的管内底标高，Y54井的上游管内底标高为5.260，下游管内底标高为5.160，为管顶平接。

4. 管道覆土深：指管顶至设计路面的土层厚度，Y54处管道覆土深为1.678。

5. 管径及坡度：指管道的管径大小及坡度，Y54~Y55管段管径为300mm，坡度为2‰。

6. 平面距离：指相邻检查井的中心间距，Y54~Y55平面距离为40m。

7. 道路桩号：指检查井中心对应的桩号，一般与道路桩号一致，Y54井道路桩号为8+180.000。

8. 检查井编号：Y54、Y55为检查井编号。

三、排水构筑物图

1. 排水检查井图

检查井内由两部分组成，井室尺寸为1100mm×1100mm，壁厚为370mm；井筒为φ700mm，壁厚240mm。井盖座采用铸铁井盖、井座。图中检查井为落底井，落底深度为50cm。井室及井筒为砖砌，基础采用C20钢筋混凝土底板及C10素混凝土垫层。管上200mm以下用1:2水泥砂浆抹面，厚度为20mm；管上200mm以上用1:2水泥砂浆勾缝，如图1-24所示。

2. 雨水口图

图中为单箅式雨水口，由平面图及两个方向剖面图组成，内部尺寸为510mm×390mm，井壁厚为240mm，为砖砌结构，采用铸铁成品盖座；距底板300mm高处设直径为200mm的雨水口连接管，并按规定设置一定坡度朝向雨水检查井，雨水口处平石三个方向各设一定的坡度朝向雨水口以利于雨水收集；井底基础采用100mm厚C15素混凝土及100mm厚碎石垫层，如图1-25所示。

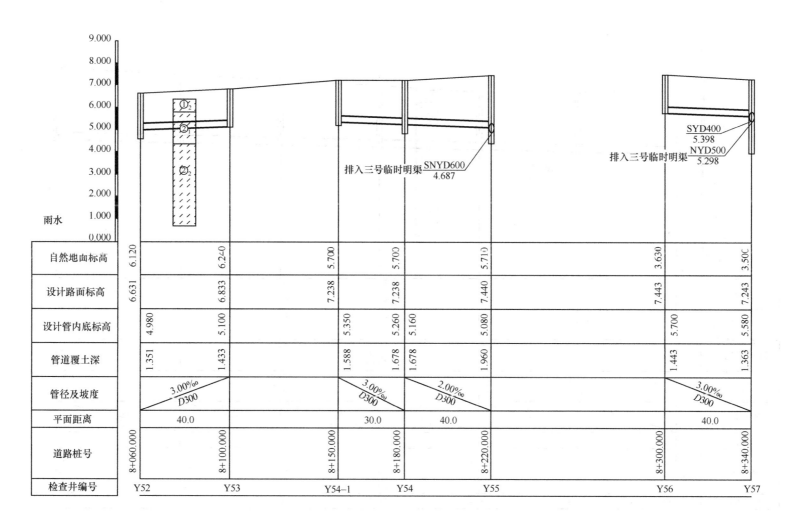

图 1-22 道路北侧雨水纵断图

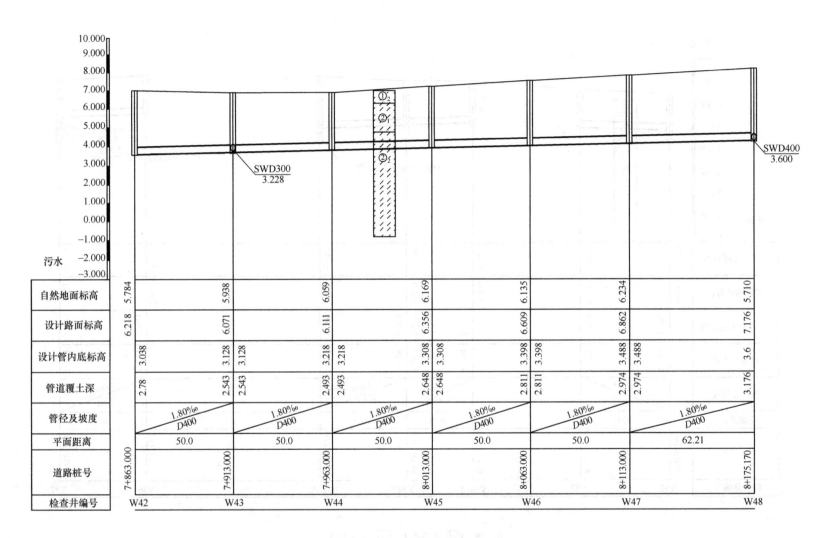

图 1-23 污水纵断图

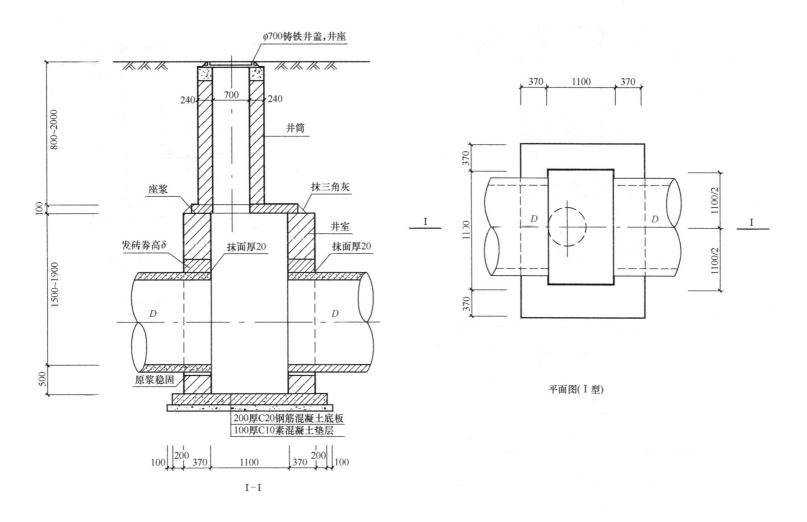

图 1-24 矩形排水检查井（井筒总高度≤2.0m，落底井）平面，剖面图
说明：D 为检查井主管管径。

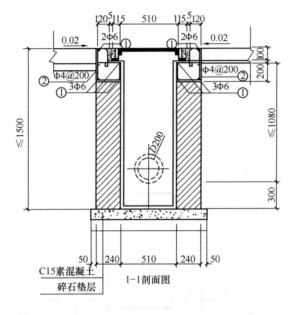
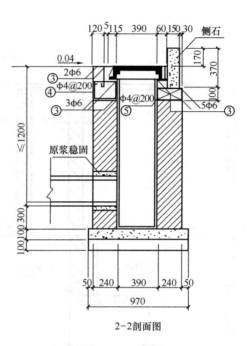
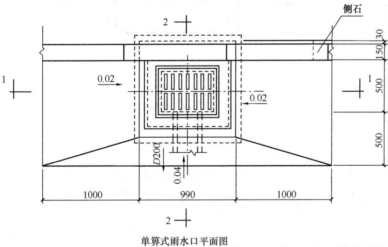

图 1-25 单算式雨水口构造图

说明：1. 混凝土：除已注明外，均为 C30。
2. 钢筋：φ-HPB235 级钢。

第五节　其他市政工程识读

一、涵洞工程图识读

涵洞由洞口、洞身和基础三部分组成，洞口包括端墙或翼墙、护坡、墙基、截水墙和缘石等部分。现以常用的盖板涵和圆管涵为例介绍涵洞的一般构造图。

（一）钢筋混凝土盖板涵

图 1-26 所示为单孔钢筋混凝土盖板涵立体图。图 1-27 所示是构造图。由于其构造对称所以采用半纵剖面图、半剖平面图和侧面图等表示。

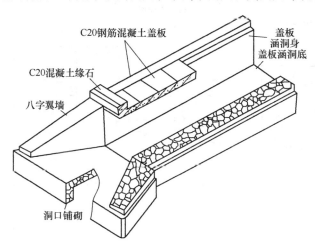

图 1-26　洞口为八字翼墙式钢筋混凝土盖板涵洞示意图

1. 半纵剖面图

图 1-27 可以看出坡度为 1：1.5 的八字翼墙和洞身的连接关系以及洞高 120cm、洞底铺砌 20cm、基础纵断面形状、设计流水坡度 1%。基础和盖板所用的建筑材料也用图例表示出来。

2. 半平面及半剖面图

洞口两侧为八字翼墙，净跨 100cm，总长 1482cm，图中详细标出涵洞的墙身宽度、八字翼墙的位置及其他细部尺寸。为了反映翼墙墙身、基础等详细尺寸又另作Ⅰ-Ⅰ、Ⅱ-Ⅱ、Ⅲ-Ⅲ断面图。

3. 侧面图

侧面投影图是洞口的正面投影图，故称洞口立面图。本图反映缘石、盖板、八字翼墙、基础等的相应位置、侧面形状和具体尺寸。

（二）钢筋混凝土的圆管涵

图 1-28 为圆管涵洞的构造分解图。主要表示出涵洞各部分的相对位置、构造形状和结构组成。图 1-29 所示为钢筋混凝土圆管涵洞。

1. 半纵剖面图

图中标出各部分尺寸，如管径为 75cm、管壁厚 10cm、防水层厚 15cm、设计流水坡度为 1%，其方向自右向左、洞身长 1060cm、洞底铺砌厚 20cm、路基覆土厚度大于 50cm、路基宽度 800cm、锥形护坡顺水方向的坡度与路基坡一致，均为 1：1.5 以及洞口的有关尺寸等。涵洞的总长为 1335cm。截水墙、墙基、洞身基础、缘石、防水层等各部分所用的材料均于图中表达出来。

2. 半平面图

半平面图与半纵剖面图上下对应，只画出左侧一半涵洞平面图。图中表示出管径尺寸、管壁厚度、洞口基础、端墙、缘石和护坡的平面形状和尺寸。图中路基边缘线上用示坡线表示路基边坡；锥形护坡用图例线和符号表示。

3. 侧面图

图中主要表示圆管孔径和壁厚、洞口缘石、端墙、锥形护坡的侧面形状和尺寸。图中还标出锥形护坡横向坡度为 1：1 等。另外，图中还附有一端洞口工程数量表。

二、隧道工程图识读

1. 正立面图

如图 1-30（a）所示，为端墙式隧道洞门三投影图，正立面图反映洞

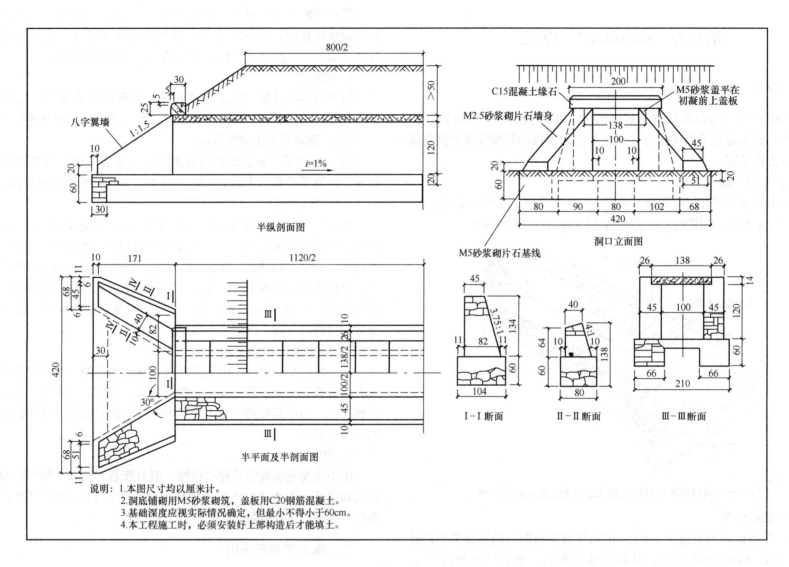

图 1-27 盖板涵构造图

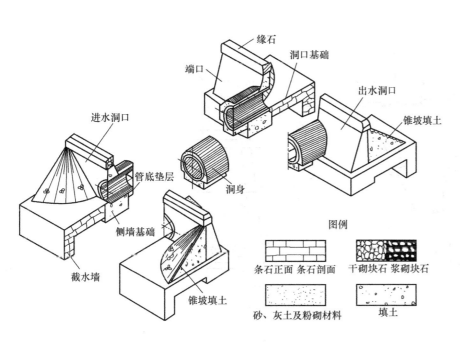

图 1-28 圆管涵洞构造分解图

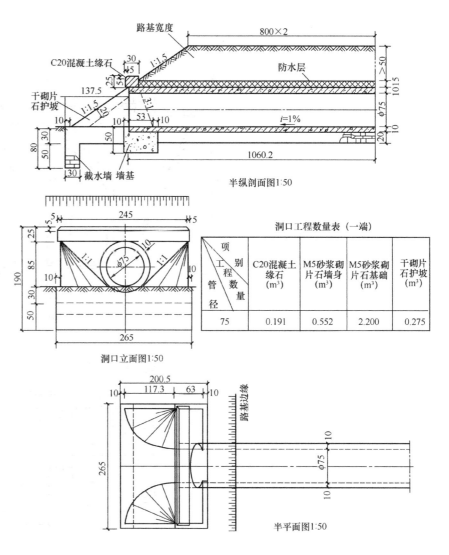

图 1-29 钢筋混凝土圆管涵洞构造图

说明：1. 图中尺寸以厘米为单位。
2. 洞口工程数量指一端，即一个进水口或一个出水口。

门墙的式样，洞门墙上面高出的部分为顶帽，表示出洞口衬砌断面类型，它是由两个不同的半径（$R=385$cm 和 $R=585$cm）的三段圆弧和两直边墙所组成，拱圈厚度为 45cm。洞口净空尺寸高为 740cm，宽为 790cm；洞门墙的上面有一条从左往右方向倾斜的虚线，并注有 $i=0.02$ 箭头，这表明洞口顶部有坡度为 2% 的排水沟，用箭头表示流水方向。其他虚线反映了洞门墙和隧道底面的不可见轮廓线。它们被洞门前面两侧路堑边坡和公路路面遮住，所以用虚线表示。

2. 平面图

如图 1-30（b）所示，仅画出洞门外露部分的投影，平面图表示了洞门墙顶帽的宽度，洞顶排水沟的构造及洞门口外两边沟的位置（边沟断面未示出）。

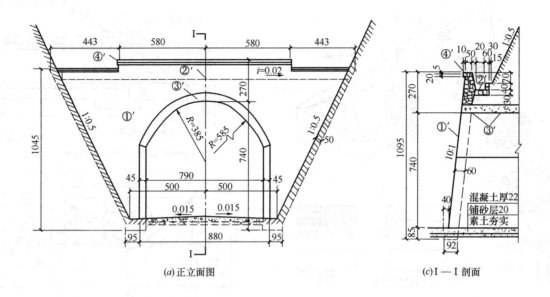
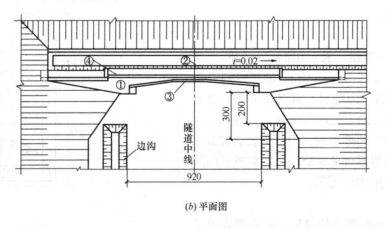

图 1-30　隧道洞门图

3. 剖面图

如图 1-30（c）所示，Ⅰ-Ⅰ剖面图 仅画靠近洞口的一小段，图中可以看到洞门墙倾斜坡度为 10∶1，洞门墙厚度为 60cm，还可以看到排水沟的断面形状、拱圈厚度及材料断面符号等。

三、高架桥工程图识读

图示为某高架桥其中一段预应力混凝土现浇箱梁构造图，主要有立面图、横断面图及梁体一般构造图。

1. 高架立面图

如图 1-31 所示，立面图表示高架的立面形式，主要表现高架跨径布置、标高及相交道路情况，如图中所示范围高架跨径布置为三联连续梁，分别为 5×25m 五孔一联、25m+40m+25m 三孔一联及 25m+30m+25m 三孔一联；其中 40m 跨径处横跨××路；高架路面标高、地面标高以及高架纵坡可以从下面表格中了解到。

2. 高架横断面图

如图 1-32 所示，横断面图表示高架横向布置以及与地面道路的相互位置等情况，从图中所示高架可了解高架总宽为 36m，箱梁下缘宽度 29m，两侧悬臂段长为 3.5m；高架上部结构采用单箱多室等截面预应力混凝土现浇箱梁，桥梁下部结构采用实体墩，桩接承台。从图中还可了解高架与地面道路相互关系，高架桥墩布置与道路机非隔离带及中央绿化带上。

3. 连续梁一般构造图

如图 1-33 所示，梁体一般构造图由平面图及横断面图表示，由于左右对称一般只表示 1/2 跨。一般构造图可了解箱梁外形及内部尺寸构造，图中可知箱梁共 11 室，为直腹板，中腹板从距横梁 4 米处开始由厚 30cm 逐渐加厚至 50cm，主要考虑梁体中预应力筋的锚固；边腹板为 50cm。

四、挡土墙工程图识读

挡土墙是用来支撑天然边坡和人工填土边坡以保持土体稳当的构筑物。挡土墙包括基础、墙身和排水设施。挡土墙的结构类型如表 1-1 所示。挡土墙基础的基础形式如图 1-34 所示。

挡土墙结构形式分类表　　表 1-1

类型	结构示意图	特点及适用范围
重力式		（1）依靠墙身自重抵挡土压力作用。 （2）一般用浆砌片石砌筑，缺乏石料地区可用混凝土浇筑。 （3）形式简单，取材容易，施工简便。 （4）浆砌重力式墙一般不高于 8m，用在地基底好、非地震和不受水冲的地点。 （5）非冲刷地区亦可采用干砌
钢筋混凝土悬臂式		（1）采用钢筋混凝土材料，由立壁、墙趾板、墙踵板三部分组成。 （2）墙高时，立壁下部的弯矩大，费钢筋，不经济。 （3）适用于石料缺乏地区及挡土墙不高于 6m 地段，当墙高大于 6m 时，可在墙前加扶壁（前垛式）
钢筋混凝土扶壁式挡土墙		沿墙长，隔相当距离加筑肋板（扶壁）使墙面板与墙踵板连接，此悬臂式受力条件好，在高墙时较悬臂式经济
带卸荷板的柱板式		（1）由立柱、底梁、立杆、挡板和基础座组成，借卸荷板上的土重平衡全墙。 （2）基础开挖较悬臂少。 （3）可预制拼装，快速施工。 （4）适用于路堑墙，特别是用于支挡土质路堑高边坡或处理边坡坍滑
锚杆式		（1）由肋柱、挡板、锚杆组成，靠锚杆锚固在岩层内拉住肋柱。 （2）适用于石料缺乏，挡土墙超过 12m，或开挖基础有困难地区，一般置于路堑墙。 （3）锚头为楔缝式，或砂浆锚杆
自立式（尾杆式）		（1）由拉杆、挡板、立柱、锚定块组成，靠填土本身和拉杆锚定块形成整体稳定。 （2）结构轻便，工程量省，可以预制、拼装、快速施工。 （3）基础处理简单，有利于地基软弱处进行填土施工，但分层辗压须慎重，土也要有一定选择

续表

类型	结构示意图	特点及适用范围
加筋土式		（1）由加筋体墙面、筋带和加筋体填料组成，靠加筋体自身形成整体稳定。 （2）结构简便，工程费用省。 （3）基础处理简单，有利于地基软弱处进行填土施工，但分层辗压必须与筋带分层相吻合，对筋带强度、耐腐蚀性、连接等均有严格要求，对填料也有选择
衡重式		（1）上墙利用衡重台上填土的下压作用和全墙重心的后移增加墙身稳定。 （2）墙胸坡陡，下墙仰斜，可降低墙高减少基础开挖。 （3）适用山区，地面横坡陡的路肩墙，也可用于路堑墙（兼拦落石）或路堤墙

挡土墙的墙身有墙背、墙面、墙顶和护栏。重力式挡土墙的断面形式如图1-35所示。

挡土墙排水设施的泄水孔与排水层如图1-36所示。

道路挡土墙正面图一般注明了各特征点的桩号，以及墙顶、基础顶面、基底、冲刷线、冰冻线、常水位线或设计洪水位的标高等，如图1-37所示。

挡土墙平面图还注明伸缩缝及沉降缝的位置、宽度、基底纵坡、路线纵坡等。挡土墙还注明泄水孔的位置、间距孔径等。

挡土墙横断面图一般要说明墙身断面形式、基础形式和埋置深度、泄水孔等。

五、城市通道工程图识读

因为城市过街通道工程的跨径较小，故视图处理及投影特点与涵洞工程图基本相同。所以，一般是以过街通道洞身轴线作为纵轴，立面图以纵断面表示，水平投影则以平面图的形式表达，投影过程中同时连同通道支线道路一起投影，从而比较完整的描述了通道的结构布置情况。

图1-38所示为某城市的过街通道布置图。

1. 立面图

从图上可以看出，立面图用纵断面取而代之，高速公路路面宽26m，边坡采用1∶2，通道净高3m，长度26m与高速路同宽，属明涵形式。

洞口为八字墙，为顺接支线原路及外形线条流畅，采用倒八字翼墙，既起到挡土防护作用，又保证了美观。洞口两侧各20m支线路面为混凝土路面，厚20cm，以外为15cm厚砂石路面，支线纵向用2.5%的单坡，汇集路面水于主线边沟处集中排走，由于通道较长，在通道中部，即高速路中央分隔带设有采光井，以利通道内采光透亮之需。

2. 平面图

平面图与立面对应，反映了通道宽度与支线路面宽度的变化情况，还反映了高速路的路面宽度及与支线道路和通道的位置关系。

从平面可以看出，通道宽4m，即与高速路正交的两虚线同宽，依投影原壁画出通道内壁轮廓线。通道帽石宽50cm，长度依倒八字翼墙长确定。

通道与高速路夹角α，支线两洞口设渐变段与原路顺接，沿高速公路边坡角两边各留出2m宽的护坡道，其外侧设有底宽100cm的梯形断面排水边沟，边沟内坡面投影宽各100cm，最外侧设100cm宽的挡堤，支线路面排水也流向主线纵向排水边沟。

3. 断面图

在图纸最下边还给出了半Ⅰ-Ⅰ、半Ⅱ-Ⅱ的合成剖面图，显示了右侧洞口附近剖切支线路面及附属构造物断面的情况。其混凝土路面厚20m，砂垫层3cm，石灰土厚15cm，砂砾垫层10cm。为使读图方便，还给出半洞身断面与半洞口断面的合成图，可以知道该通道为钢筋混凝土箱涵洞身，倒八字翼墙。

通道洞身及各构件的一般构造图及钢筋结构图与前面介绍的桥涵图类似，这里不再重述。该过街通道的洞身钢筋混凝土构造表示方法如图1-39所示。

六、垃圾填埋场工程图识读

垃圾填埋场的基本组成如图1-40所示。

垃圾填埋场为防止顶面与底部渗漏需设置封顶层及防渗层。封顶层通常由矿物质密封层、排气层和排水层及地表土层，如图 1-41 所示。防渗层是指使用膨润土或 HDPE 膜等铺设而成的复合防渗层，如图 1-42 和图 1-43 所示。

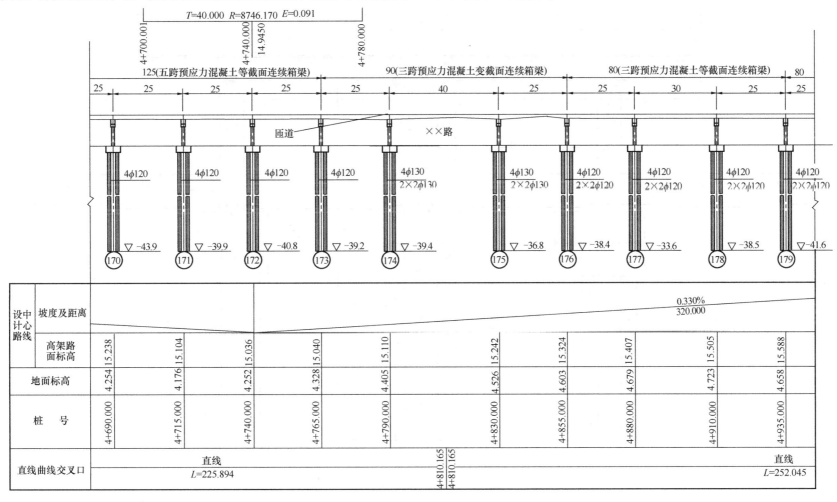

图 1-31 高架桥立面图

说明：本图单位：标高（黄海高程系，下均同）、桩号以米计。

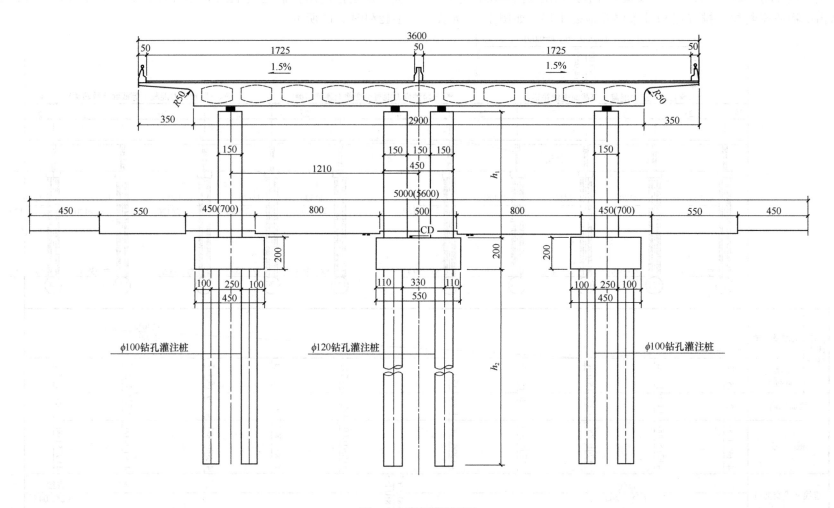

图 1-32 高架横断面图

说明：1. 本图尺寸单位以厘米计。
2. 本图适用于 36m 宽桥面。

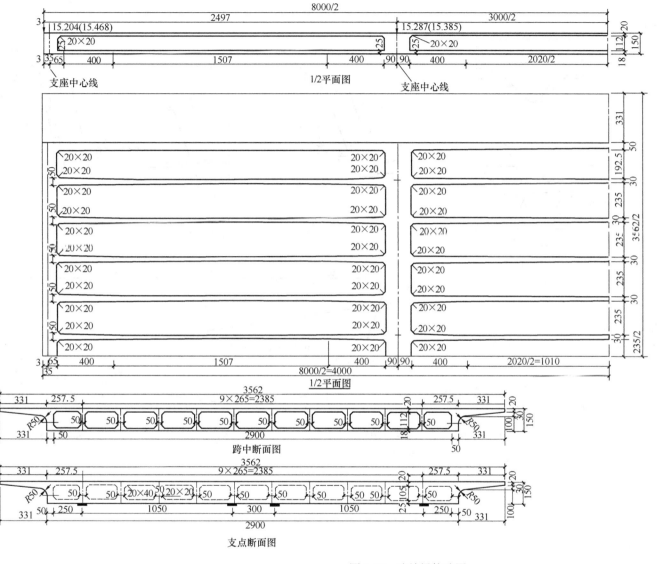

图 1-33 连续梁构造图

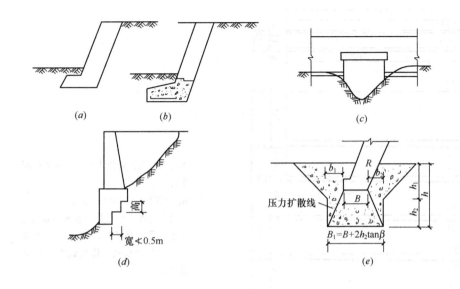

图 1-34 挡土墙基础的基础形式示意图
(a) 加宽墙趾；(b) 钢筋混凝土底板；(c) 拱形基础；(d) 台阶基础；(e) 换填地基

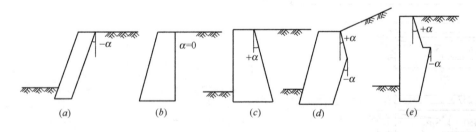

图 1-35 重力式挡土墙的断面形式示意图
(a) 仰斜；(b) 垂直；(c) 俯斜；(d) 凸形折线式；(e) 衡重式

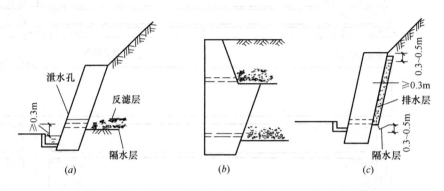

图 1-36 挡土墙的泄水孔与排水层示意图

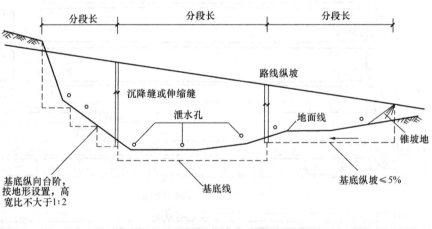

图 1-37 道路挡土墙正面示意图

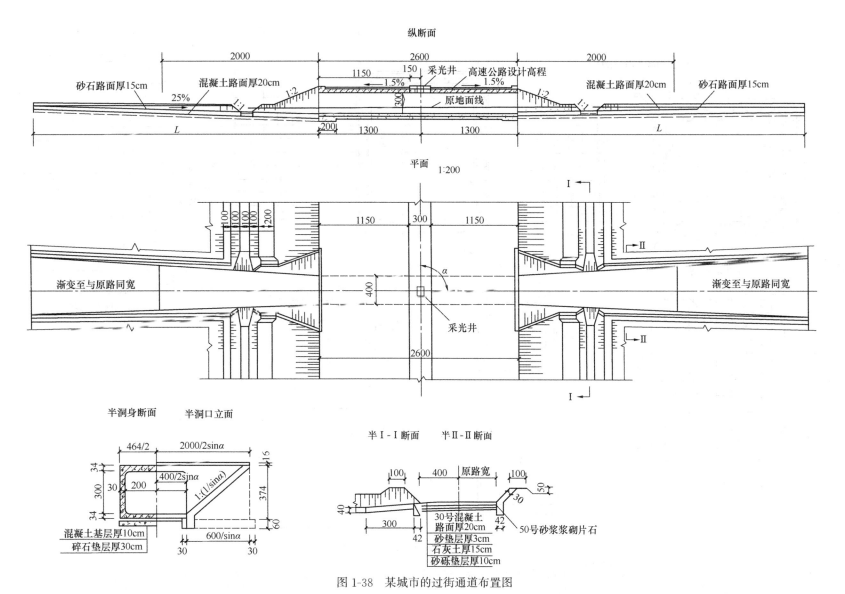

图 1-38 某城市的过街通道布置图

说明：本图尺寸除高程以米计外，其余均以厘米为单位。

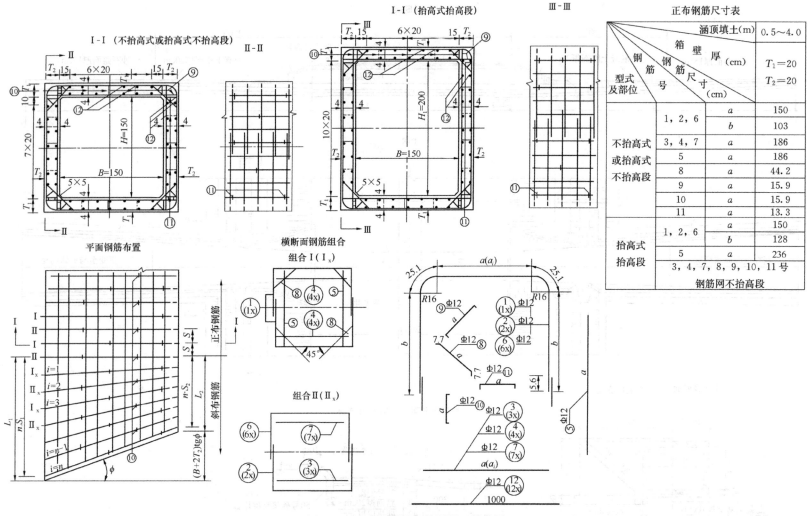

图 1-39 过街通道的钢筋混凝土结构图

说明：1. 图中尺寸除钢筋直径以毫米计外，余均以厘米为单位。
2. 本图表示同一净空箱涵的进水口为抬高式和不抬高式的正涵和斜涵的涵身构造。钢筋组合代号Ⅰ、Ⅱ表示正布钢筋，Ⅰₓ、Ⅱₓ表示斜布钢筋。只标一个不带脚码编号的钢筋，表示斜布钢筋与正布钢筋尺寸相同；标有不带脚码和带有脚码两个编号的钢筋表示斜布钢筋与正布钢筋尺寸有区别（图中斜布钢筋的编号和尺寸分别带有脚码 x 和 i，并均加有括号）。除钢筋大样中已标的尺寸外，正布钢筋尺寸见本图"正布钢筋尺寸表"。
3. 角隔处的 9 号钢筋仅在组合Ⅰ或Ⅰₓ布设。
4. 两种钢筋组合按图示次序排列；在洞口和变形缝附近应适当调整数排钢筋的间距、并将边排换成组合Ⅰ或Ⅰₓ。

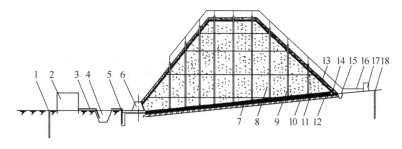

图 1-40 垃圾填埋场的基本组成

1—地下水监测井；2—污水处理厂；3—污水输送管道；4—污水调节池；5—污水集液井；6—垃圾坝；7—渗滤液收集管；8—垃圾填埋层；9—填埋气体导排井；10—渗滤水导流层；11—防渗层（包括隔水层，土工布保护层）；12—场底垫层；13—覆盖隔水层；14—覆盖土层；15—雨水沟；16—填埋气体输送管；17—填埋气体抽取站及回收利用设施；18—气体监测井

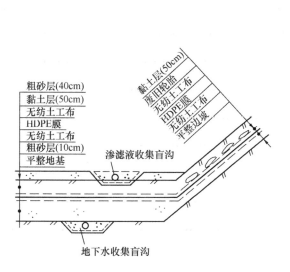

图 1-41 复合防渗示意图

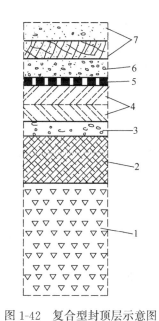

图 1-42 复合型封顶层示意图

1—垃圾堆积体；2—调整层；3—排气层；4—矿物密封层（包括第一、第二、第三层）；5—土工薄膜；6—排放系统；7—恢复断面（包括底层土和表土）

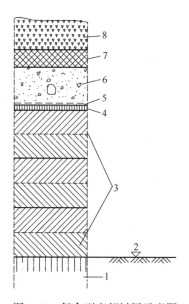

图 1-43 复合型底部衬层示意图

1—老土（下沃土）；2—下沃土层标高；3—矿物密封层（包括第一、第二、第三层）；4—土工薄膜；5—保护层；6—排水层；7—过渡层（如需要时）；8—废弃物

43

第二章 市政工程识图训练

训练一　道路（沥青路面）·················· 44

训练二　道路（混凝土路面）·················· 53

训练三　排水（常规开挖施工）·················· 64

训练四　排水（顶管施工）·················· 75

训练五　排水（牵引施工）·················· 85

训练六　给水·················· 88

训练七　桥梁（现浇梁板、深基础）·················· 94

训练八　桥梁（浅基础）·················· 110

训练九　隧道·················· 126

训练十　路灯·················· 153

训练一　道路（沥青路面）

图 纸 目 录

图　名	页次
道路施工图设计说明（一）··················	1
道路施工图设计说明（二）··················	2
道路平面图（一）··················	3
道路平面图（二）··················	4
道路纵断面图（一）··················	5
道路纵断面图（二）··················	6
道路标准横断面图··················	7
路面结构图··················	8

道路施工图设计说明

一、主要设计依据

1. 甲方委托我院的工程设计合同；
2. 《长兴县龙山新区润长路北延、十四号路道路工程方案设计》；
3. 《城市道路设计规范》CJJ 37—90；
4. 《公路路基设计规范》JTG D30—2004；
5. 《公路沥青路面设计规范》JTG D50—2006；
6. 《公路工程技术标准》JTG B01—2003；
7. 《城市道路照明设计标准》CJJ 45—91；
8. 《城市道路平面交叉口规划与设计章程》(上海)；
9. 《道路交通标志和标线》GB 5768—1999；
10. 《方便残疾人使用的城市道路和建筑物设计规范》JGJ 50—2001。

二、主要设计资料

1. 甲方提供工程范围内 1/500 地形图；
2. 甲方提供的相交道路资料；
3. 《长兴龙山新区二期河道水系、竖向排水规划》。

三、道路设计标准

1. 道路设计等级：十四号路为Ⅰ级次干道，设计车速：40km/h；

2. 沥青路面设计年限 15 年；路面结构设计标准轴载 100kN，交通等级：中型。

四、路面结构

机动车道：4cm 细粒式沥青混凝土(AC-13C)＋8cm 粗粒式沥青混凝土(AC-25C)＋乳化沥青封层($1kg/m^2$)＋30cm 5％水泥稳定碎石＋30cm 塘渣＝72cm。

非机动车道：4cm 细粒式沥青混凝土(AC-13C)＋6m 粗粒式沥青混凝土(AC-25C)＋乳化沥青封层($1kg/m^2$)＋25cm 5％水泥稳定碎石＋30cm 塘渣＝65cm。

人行道：6cm 透水砖＋2cm M10 砂浆卧底＋20cm C20 水泥混凝土＋25cm 塘渣＝53cm。

土基顶面设计回弹模量不小于 20MPa，若不满足要求应进行换填处理。水泥稳定碎石 7d 无侧限抗压强度大于等于 2.5MPa。

五、施工注意事项

1. 道路路基采用塘渣分层回填，每层厚度不大于 30cm，路基填筑应采用 20t 以上重型压路机振动分层碾压，当压路机从结构物顶上通过时，若结构物顶面填土高度小于 50cm 时，应禁止采用振动碾压。对于不同性质的填料，其压实厚度和遍数根据现场压实试验确定。对于同一填筑路段，要求一层的路基填料强度和粒径均匀。

图 名	道路施工图设计说明(一)	页次	1

2. 路基压实标准及压实度

项目分类		路面底面以下深度(cm)	填料最大粒径(cm)	填料最小强度(CBR)(%)	重型压实度(%)	固体体积率(%)
填方路基	上路床	0～30	10	8	≥93	≥85
	下路床	30～80	10	5	≥93	≥85
	上路堤	80～150	15	4	≥93	≥83
	下路堤	>150	15	3	≥90	≥81
零填及路堑路床		0～30	10	8	≥93	≥85

3. 为保护填方段道路边侧人行道结构免受破坏，设计道路红线外侧各设置0.5m土路肩。填方边坡坡比为1:1.5。

4. 对于淤泥质土和池塘等不良地质的路段，应先抽干水，清除淤泥，然后进行塘渣回填，分层回填至现状地面。注意需要软地基处理的路段，现状标高以下范围采用素土回填。

5. 填方高度小于1.0m低填的路段，要求换填0.5m清塘渣。路基位于现状农田上时，须清除表面30cm耕植土。路基要求分层回填，每层厚度不大于30cm。

6. 道路软基处理时，若管线施工与水泥搅拌桩有冲突时，先进行搅拌桩施工后，方可开挖进行管线施工。

7. 道路范围内均有老路基、房基拆除段，施工时注意路基衔接。对于房基拆除段，可利用质好的建筑垃圾，严禁用生活垃圾回填。新老路基须采用1:1横坡衔接，碾压密实，以防不均匀沉降。

8. 施工前应进行各项室内试验(侧石抗压强度等)各项指标，满足要求后才能进行施工。

9. 路基填方及路面结构施工时应严格按有关规范及验收指标执行，合格后可进行下一道工序施工。

10. 道路边坡50cm范围采用黏土回填，并尽早铺草皮绿化，边坡坡脚用块石加固。

11. 兴国路为现状道路，十四号路道路实施时平面和标高接顺现状兴国路。施工前应实测兴国路衔接处现状标高

六、软土地基处理特殊说明

1. 由于目前本项目的地质勘察报告尚未提供，参考周边画溪大道、明珠北路地质勘察报告，对路基填方高度大于2m路段及河塘段进行水泥搅拌桩处理。水泥搅拌桩桩径0.5m，间距1.3m梅花形布置，桩长暂按8m，待地质报告出来后进行核算调整。具体范围见道路平面图。

2. 设计标准：路基稳定系数一般要求F_s＞1.25，工后沉降要求：路基与桥头衔接沉降差异S＜10cm，一般路基S＜30cm，纵向坡率＜0.4%。

3. 作业程序及材料要求

水泥搅拌桩处理路段，先去除表层耕植土，整平场地，再打水泥搅拌桩，桩顶与现状地坪平，梅花形布置。水泥搅拌桩施工完成后至路基开始填筑期间的间歇期不得小于一个月。桩头处理后铺30cm砂砾垫层，铺土工格栅，上填20cm砂砾。

七、工程质量验收标准

道路工程质量验收和评定按《城镇道路工程施工与质量验收规范》CJJ 1—2008执行。

图 名	道路施工图设计说明(二)	页 次	2

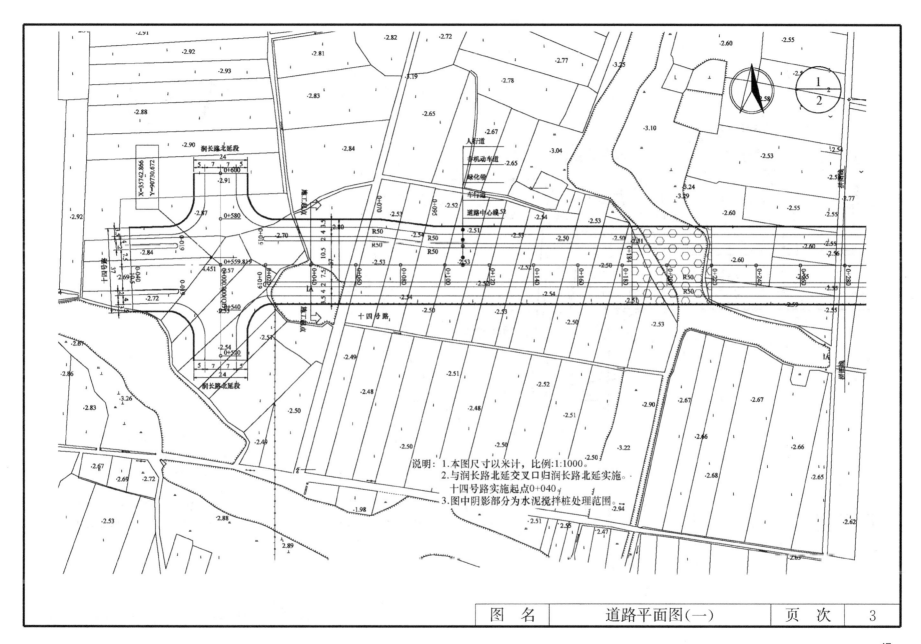

| 图 名 | 道路平面图(一) | 页次 | 3 |

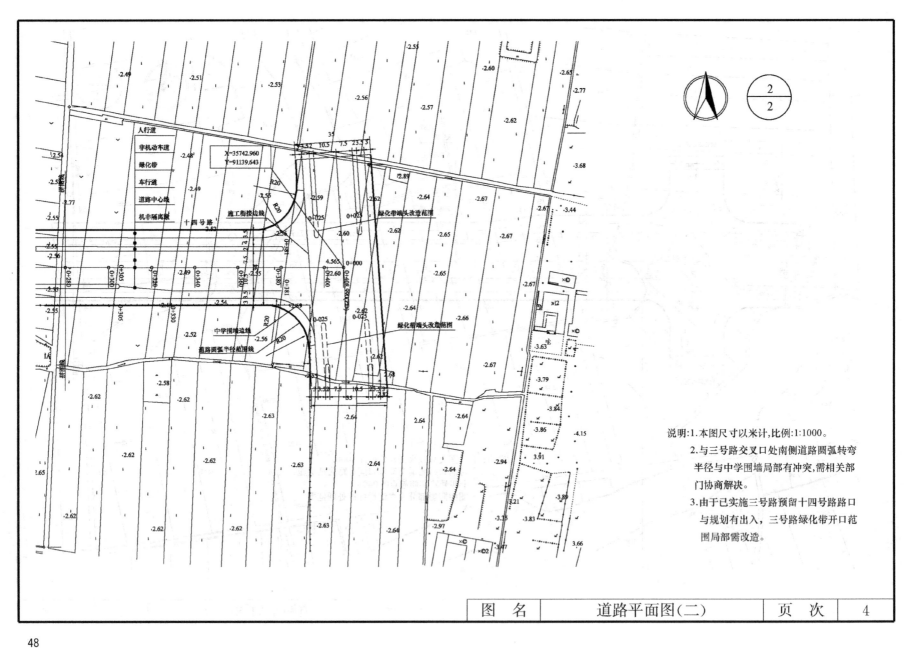

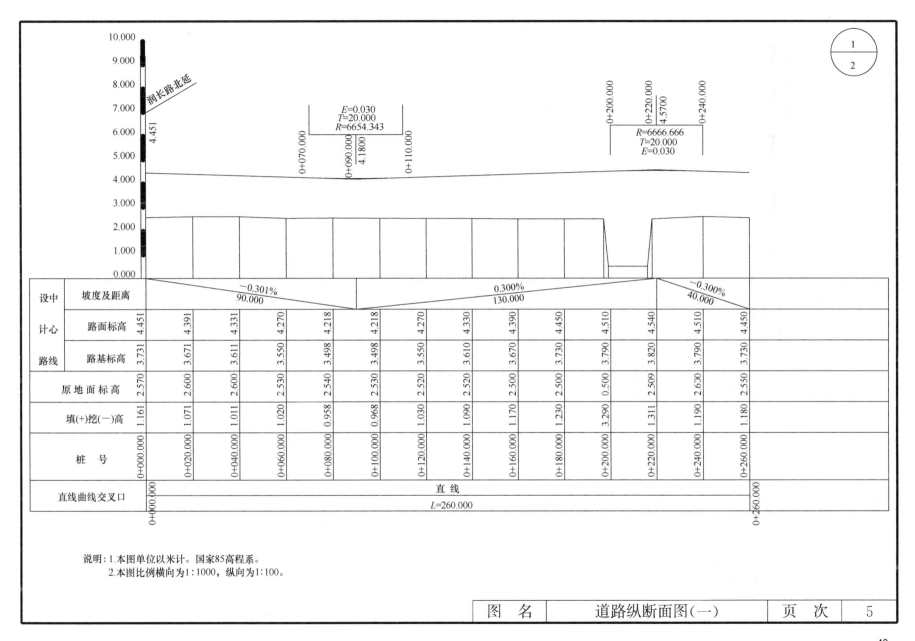

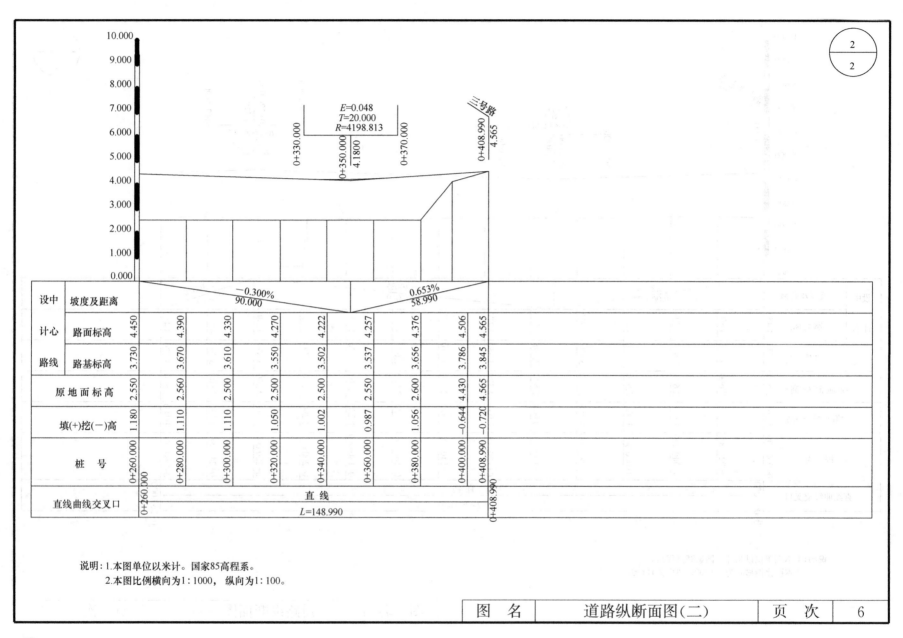

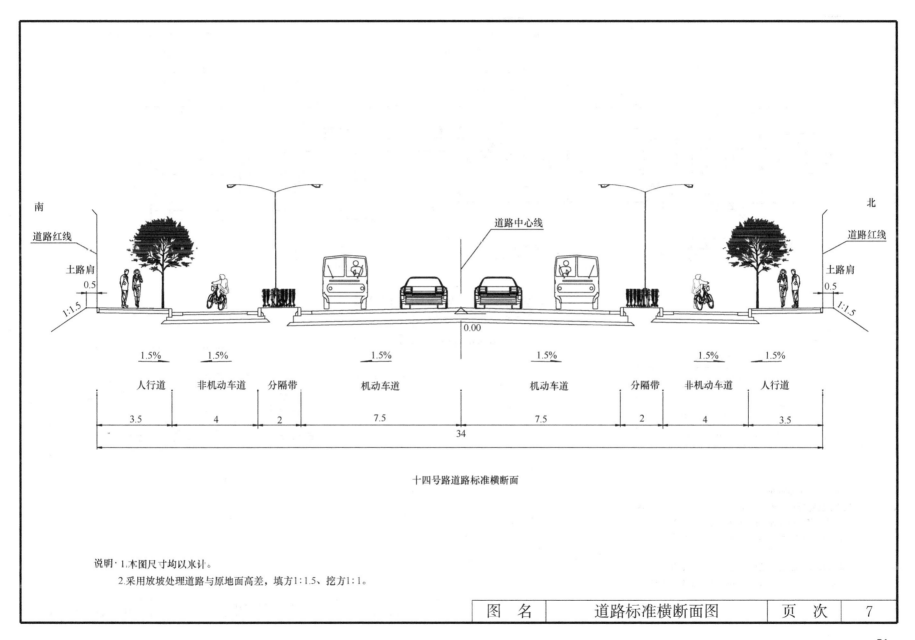

十四号路道路标准横断面

说明：1.本图尺寸均以米计。
2.采用放坡处理道路与原地面高差，填方1:1.5、挖方1:1。

| 图 名 | 道路标准横断面图 | 页次 | 7 |

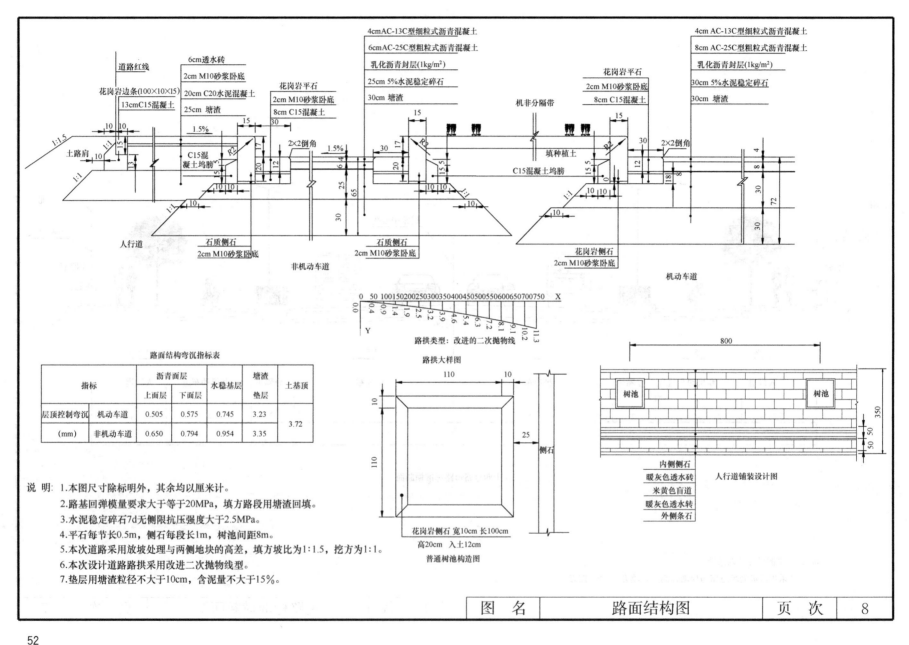

训练二　道路（混凝土路面）

图　纸　目　录

图　名	页次
道路施工图设计说明（一）	1
道路施工图设计说明（二）	2
道路施工图设计说明（三）	3
道路平面图（一）	4
道路平面图（二）	5
道路纵断面图	6
道路标准横断面图	7
路面结构图	8
道路车道板块划分示意图	9
道路路面配筋图	10

道路施工图设计说明

一、主要设计依据

1. 甲方委托我院的工程设计合同；
2. 《诸暨华东国际珠宝城市政配套工程方案评审会会议纪要》；
3. 《城市道路设计规范》CJJ 37—90；
4. 《公路路基设计规范》JTG D30—2004；
5. 《公路软土地基路堤设计与施工技术规范》JTJ 017—96；
6. 《公路水泥混凝土路面设计规范》JTG D40—2002；
7. 《公路桥涵施工技术规范》JTJ 041—2000；
8. 《公路工程技术标准》JTG B01—2003；
9. 《城市道路照明设计标准》CJJ 45—91；
10. 《城市道路交通规划设计规范》GB 50220—95；
11. 《道路交通标志和标线》GB 5768—1999；
12. 《方便残疾人使用的城市道路和建筑物设计规范》JGJ 50—2001；
13. 诸暨华东国际珠宝城有限公司提供的现状已平整的场地标高 5.20m；
14. 关于诸暨华东国际珠宝城一期道路地基处理方法形成共识的函。

二、主要设计资料

1. 甲方提供工程范围内 1/500 地形图；
2. 诸暨华东国际珠宝城(一期市场)岩土工程勘察报告(浙江省化工工程地质勘察院)；
3. 诸暨华东国际珠宝城市政配套工程方案(修)泛华工程有限公司浙江设计分公司。

三、本次道路设计范围

珍珠路：桩号 0+535～现状珍珠路。

四、道路设计标准

1. 道路设计等级：珍珠路：城市次干道，设计车速：30km/h；
2. 设计年限：水泥路面设计年限 30 年；路面结构设计标准轴载 100kN；
3. 交通等级：主干道：重型；次干道：中等。

五、道路纵断面设计

工程地块原状主要为农田及蚌塘，目前一期市场范围现状地坪已用塘渣填平至 5.2m 标高。本道路纵断面设计结合最高水位、现状地块地形地貌、现状道路标高衔接等因素，综合考虑道路坡长，排水等要求进行，最高水位参考 1997 年 7 月 14 日防洪时的最高水位标高 4.903m。道路最低标高控制在 5.4m 以上，最小纵坡 0.3%，最小设计坡长 110m。

六、路面结构

车行道：

| 图 名 | 道路施工图设计说明(一) | 页 次 | 1 |

主干道、次干道：22cm（水泥混凝土）+25cm（5％水泥稳定碎石）+30cm（塘渣）=77cm。

人行道：5cm彩色预制人行道板+3cm M10水泥砂浆+15cm 5％水泥稳定碎石=23cm。

主干道路面设计抗弯拉强度大于等于4.5MPa，基层回弹模量大于等于100MPa；次干道路面设计抗弯拉强度大于等于4.5MPa，基层回弹模量大于等于80MPa。

土基顶面回弹模量大于等于20MPa，塘渣顶面回弹模量大于等于35MPa。水泥稳定碎石7d无侧限抗压强度大于等于2.5MPa。

七、施工注意事项

1. 道路路基采用塘渣分层回填，每层厚度不大于30cm。路基填筑应采用20t以上重型压路机振动分层碾压，当压路机从结构物顶上通过时，若结构物顶面填土高度小于50cm时，应禁止采用振动碾压。对于不同性质的填料，其压实厚度和遍数根据现场压实试验确定。对于同一填筑路段，要求一层的路基填料强度和粒径均匀。

2. 路基压实标准及压实度

项目分类		路面底面以下深度(cm)	填料最大粒径(cm)	填料最小强度(CBR)(%)	重型压实度(%)	固体体积率(%)
填方路基	上路床	0~30	10	8	≥95	≥85
	下路床	30~80	10	5	≥95	≥85
	上路堤	80~150	15	4	≥94	≥83
	下路堤	>150	15	3	≥93	≥81
零填及路堑路床		0~30	10	8	≥95	≥85

3. 为保护填方段道路边侧人行道结构免受破坏，设计道路红线外侧各设置0.5m土路肩。填方边坡坡比为1:1.5。

4. 对于淤泥质土和池塘等不良地质的路段，应先抽干水，清除淤泥，然后进行塘渣回填，宜夹自然砂，分层回填至现状地面。注意需要软地基处理的路段，现状标高以下范围采用素土回填。

5. 填方高度小于1.0m低填的路段，要求换填0.5m清塘渣，宜夹自然砂。路基位于现状农田上时，须清除表面30cm耕植土。路基要求分层回填，每层厚度不大于30cm。

6. 施工前应进行各项室内试验（侧石抗压强度等）各项指标，满足要求后才能进行施工。

7. 路基填方及路面结构施工时应严格按有关规范及验收指标执行，合格后可进行下一道工序施工。

8. 因□期市场范围现状场地已基本填平，填平标高暂按5.2m计（甲方提供），本次设计统计土方量仅供参考，具体以实际为准。

9. 道路遇浅塘范围采用堆载预压方式进行地基处理，深塘范围及渠道改道范围地基处理方法另行确定。

10. 道路缩缝如遇检查井缩缝可适当调整，使检查井骑缝（即缩缝位于检查井直径处），或使检查井边与缩缝间距大于1m，距检查井两端缩缝要求锯缝大于1/3板厚。

八、工程质量验收标准

道路工程质量验收和评定按《市政道路工程质量检验评定标准》CJJ 1—90进行验收。

九、软土地基处理特殊说明

道路遇暗塘处需进行软土地基处理。

本次设计结合诸暨当地情况及甲方意见，暂建议采用C10低强度混凝土桩进行软基处理。

图 名	道路施工图设计说明（二）	页 次	2

1. 沉管灌注桩混凝土强度等级为C10，要求如下：
(1) 严格按试验配合比要求配料，做好试块；
(2) 沉管桩混凝土的坍落度宜为6~8cm；
(3) 混凝土的充盈系数大于等于1.15。

2. 每次向桩管内灌注混凝土时应尽量多灌，第一次拔管高度应按施工规范严格控制在能容纳第二次所需要灌入的混凝土为限，不宜拔得过高。

3. 采用单打法成桩，拔管速度应均匀，拔管速度宜控制在0.6~0.8m/min；桩管内灌入混凝土后，先振动5~10s，再开始拔管。应边振边拔，每拔0.5~1m，停拔振动5~10s；如此反复，直至桩管全部拔出。

4. 沉管桩施工时必须跳打，纵向隔排跳打。

5. 砂垫层厚度50cm；垫层以上部分铺设土工格栅。土工格栅要求：采用经编高强涤纶丝土工格栅，纵向拉伸强度≥80kN/m，横向拉伸强度≥50kN/m，延伸率≤15%。土工材料搭接宽度均不小于30cm，要求对土工格栅搭接按部每隔20cm进行绑扎处理。

6. 沉管灌注桩施工允许偏差：
(1) 桩长控制根据管的入土深度确定，成桩时应超灌50cm；
(2) 桩径偏差为－20mm；
(3) 垂直度允许偏差为1%；
(4) 桩位允许偏差为150mm。

7. 桩基检测项目：单桩静载试验试桩3根，动测检测桩数不少于总桩数的30%。

十、工程质量验收标准

道路工程质量验收和评定按《市政道路工程质量检验评定标准》CJJ 1—90进行验收。

| 图 名 | 道路施工图设计说明（三） | 页 次 | 3 |

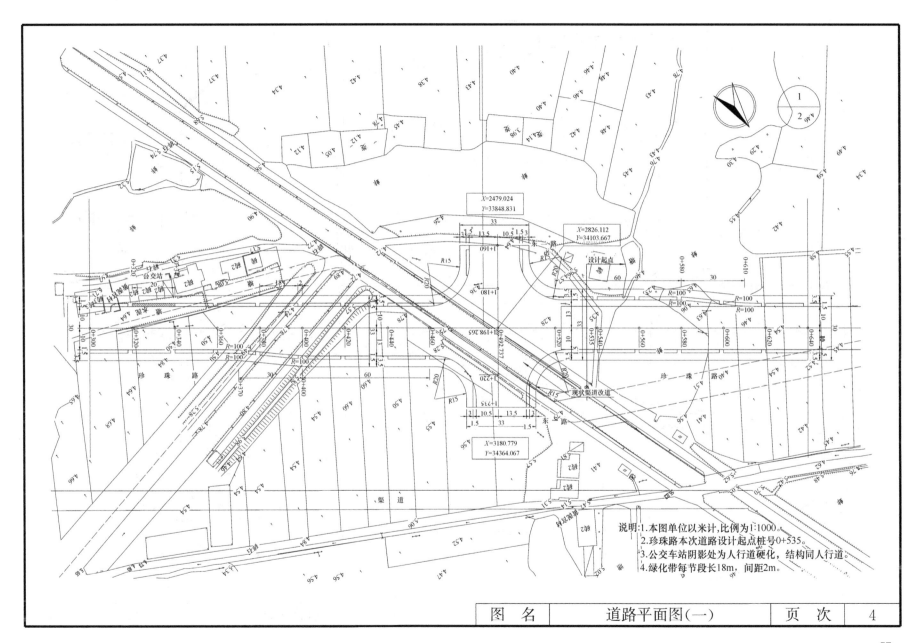

| 图 名 | 道路平面图(一) | 页 次 | 4 |

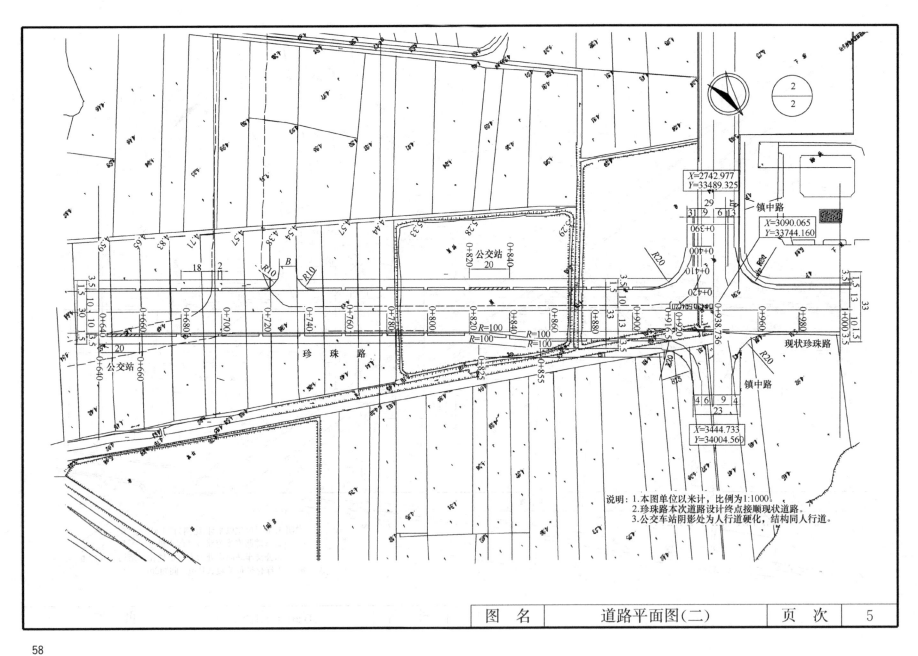

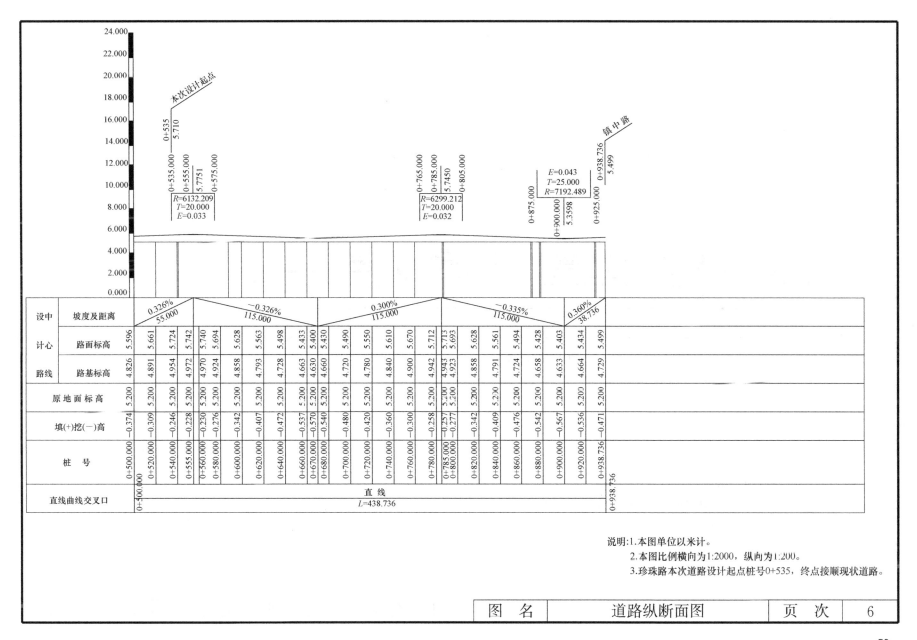

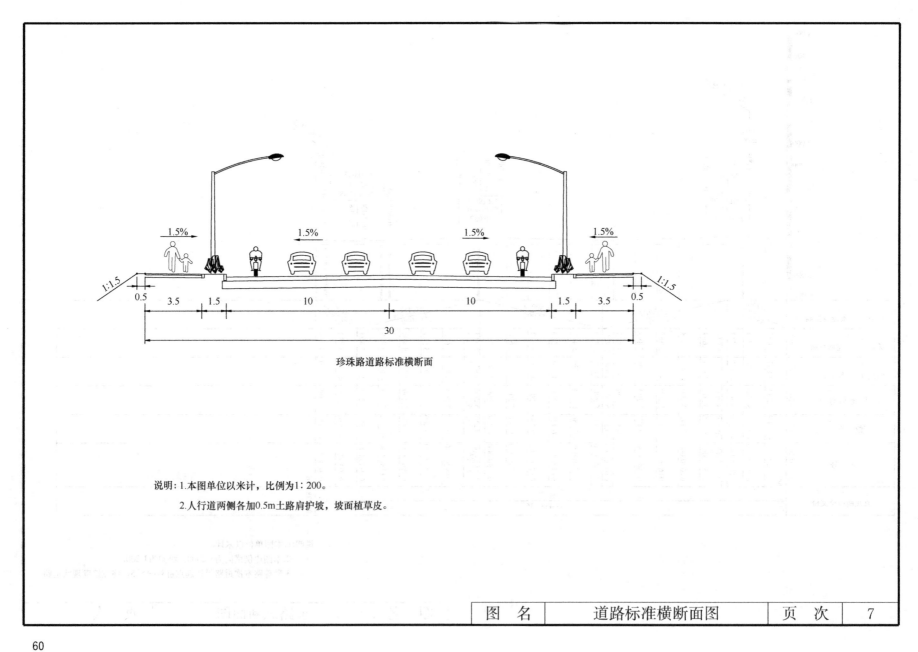

珍珠路道路标准横断面

说明：1.本图单位以米计，比例为1：200。
　　　2.人行道两侧各加0.5m土路肩护坡，坡面植草皮。

| 图　名 | 道路标准横断面图 | 页　次 | 7 |

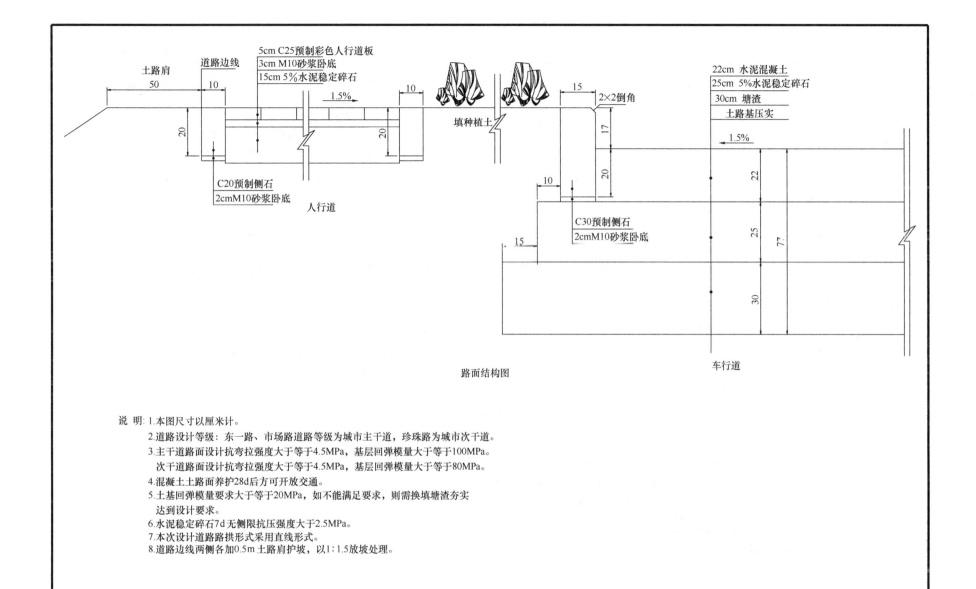

路面结构图

说 明：1.本图尺寸以厘米计。
2.道路设计等级：东一路、市场路道路等级为城市主干道，珍珠路为城市次干道。
3.主干道路面设计抗弯拉强度大于等于4.5MPa，基层回弹模量大于等于100MPa。
　　次干道路面设计抗弯拉强度大于等于4.5MPa，基层回弹模量大于等于80MPa。
4.混凝土土路面养护28d后方可开放交通。
5.土基回弹模量要求大于等于20MPa，如不能满足要求，则需换填塘渣夯实
　　达到设计要求。
6.水泥稳定碎石7d无侧限抗压强度大于2.5MPa。
7.本次设计道路路拱形式采用直线形式。
8.道路边线两侧各加0.5m土路肩护坡，以1:1.5放坡处理。

| 图 名 | 路面结构图 | 页次 | 8 |

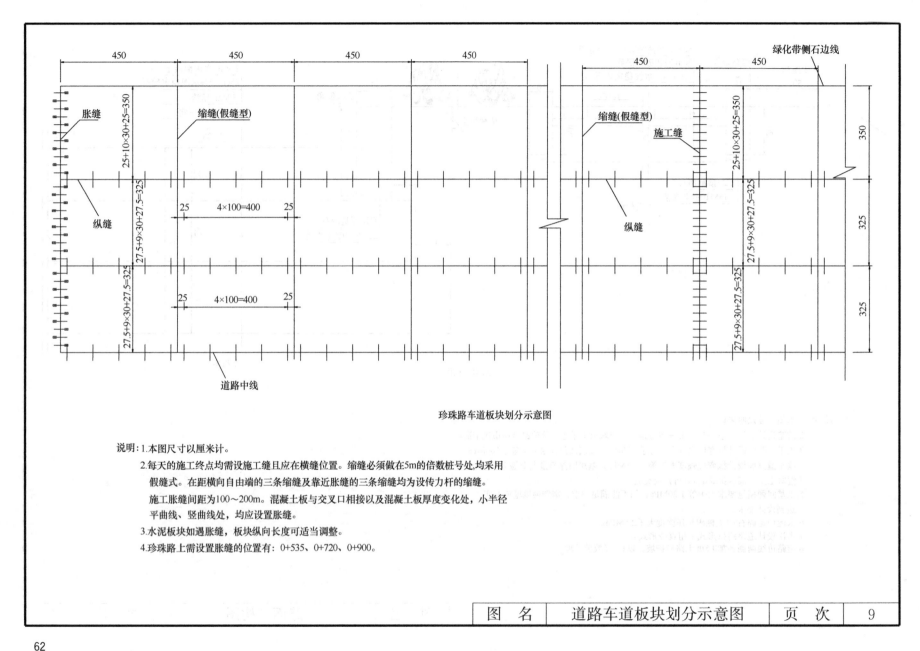

珍珠路车道板块划分示意图

说明：1.本图尺寸以厘米计。
2.每天的施工终点均需设施工缝且应在横缝位置。缩缝必须做在5m的倍数桩号处，均采用假缝式。在距横向自由端的三条缩缝及靠近胀缝的三条缩缝均为设传力杆的缩缝。
施工胀缝间距为100～200m。混凝土板与交叉口相接以及混凝土板厚度变化处，小半径平曲线、竖曲线处，均应设置胀缝。
3.水泥板块如遇胀缝，板块纵向长度可适当调整。
4.珍珠路上需设置胀缝的位置有：0+535、0+720、0+900。

| 图 名 | 道路车道板块划分示意图 | 页次 | 9 |

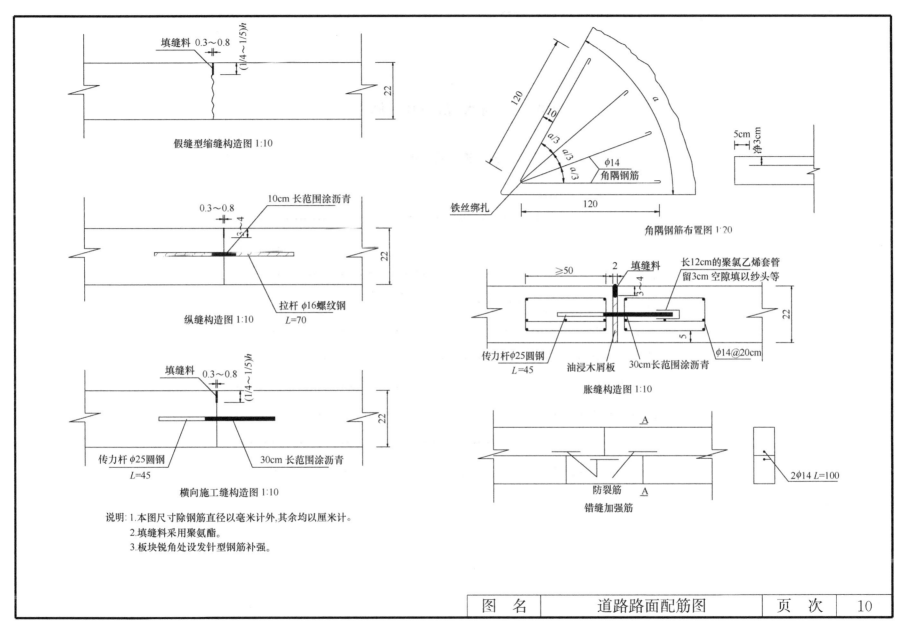

训练三 排水(常规开挖施工)

图 纸 目 录

图　名	页次
排水施工图设计说明	1
管位图	2
排水平面图(一)	3
排水平面图(二)	4
雨水纵断面图	5
污水纵断面图	6
排水结构施工图设计说明	7
D800~D1200承插管135°钢筋混凝土基础	8
单箅式雨水口平、剖面图	9
单箅式雨水口主要工程量及钢筋表	10

排水施工图设计说明

1. 本次施工图依据以下资料进行设计：
(1)甲方委托我院的工程设计合同；
(2)本院现场踏勘和收集的资料；
(3)《室外排水设计规范》GB 50014—2006；
(4)《城市工程管线综合规划规范》GB 50289—98；
(5)国家工程建设强制性条文—给水排水部分；
(6)《龙山新区二期河道水系、竖向、排水专项规划》(杭州市城市规划设计研究院 2008年03月)。

2. 本工程高程采用1985年国家高程系。

3. 图中尺寸单位：除管径、检查井平面尺寸以毫米计外，其余均以米计。

4. 图中雨、污水管道里程桩与道路里程桩一致；所注检查井顶面标高为本处管道中心轴线位置的路面标高，系根据道路横断面设计图推算，施工时以道路设计图为准，有出入时井深可相应调整。位于道路红线范围外的检查井井顶标高须与规划街坊地坪标高一致(若无规划街坊地坪标高，近期暂按人行道外侧标高加0.05m控制)。

5. 管材：本工程雨水管 $De300 \sim De600$ 管采用承插式HDPE缠绕管，环刚度不小于 $8kN/m^2$；$d800 \sim d1200$ 管采用离心工艺制作的Ⅱ级承插式钢筋混凝土排水管(离心管)。

6. 钢筋混凝土管和HDPE管均采用承插式接口，"O"形橡胶圈密封，由管材供货商配套提供，生产厂家应通过ISO 9000质量体系认证。

7. 雨、污水街坊预留井设置干道路红线外1.0m，预留井内管道延伸方向留孔，孔内暂用水泥砂浆砖砌封堵。街坊管的数量、位置、管径及接管标高可根据实际需要经设计同意后进行调整。除另注外，雨水街坊预留井均加设0.50m落底。

8. 雨水口采用砖砌偏沟式单箅雨水口，平面尺寸510×390，雨水口连接管 $De225$ 采用HDPE管，坡度为1%；道路最低点采用双箅雨水口，平面尺寸1270×390，雨水口连接管 $De300$ 采用HDPE管。雨水口连管坡度一般采用0.5%。

9. 施工至交叉口前，须提前对已建或在建雨、污水管管道及检查井标高进行复测核实，或与相交路段的雨污水管道设计和施工进行衔接。若与本设计图有较大出入，请及时与设计联系。

10. 管道施工至已建路口前须摸清沿线已有地下管线，施工时须采取必要的保护措施。

11. 在施工前和施工过程中若有相交道路与本工程有关的最新资料(如施工图和工程联系单)请及时返提设计以便复核交叉口的污水管道设计，以免因相互间的缺、漏、错、碰造成交叉口的返工。

12. 本工程施工及验收执行《给水排水管道工程施工及验收规范》GB 50268—97、《埋地聚乙烯排水管道工程技术规程》CECS 164：2004，未尽之处执行浙江省现行的行业标准和有关规定。

图 名	排水施工图设计说明	页 次	1

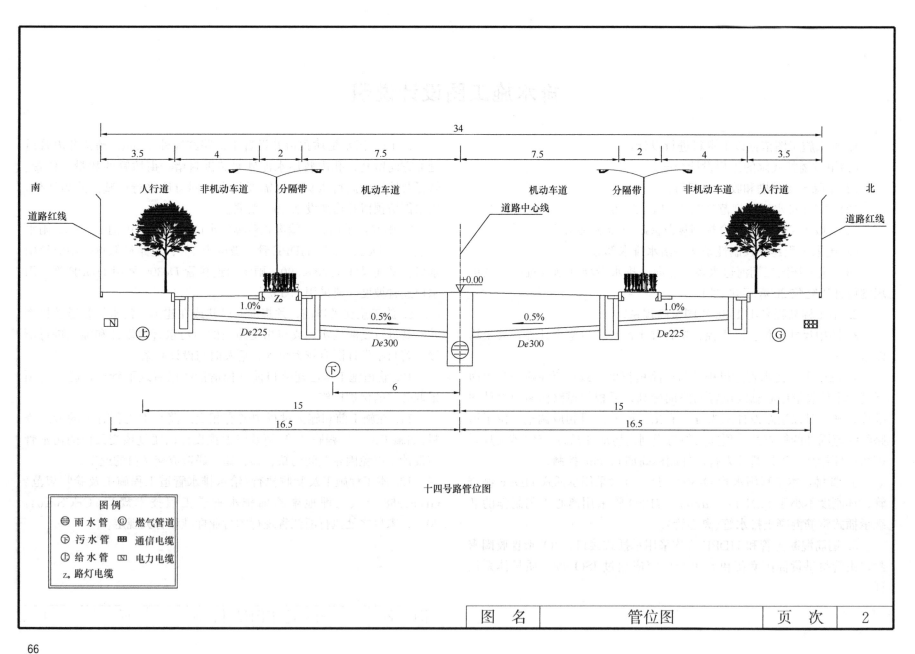

十四号路管位图

| 图 名 | 管位图 | 页次 | 2 |

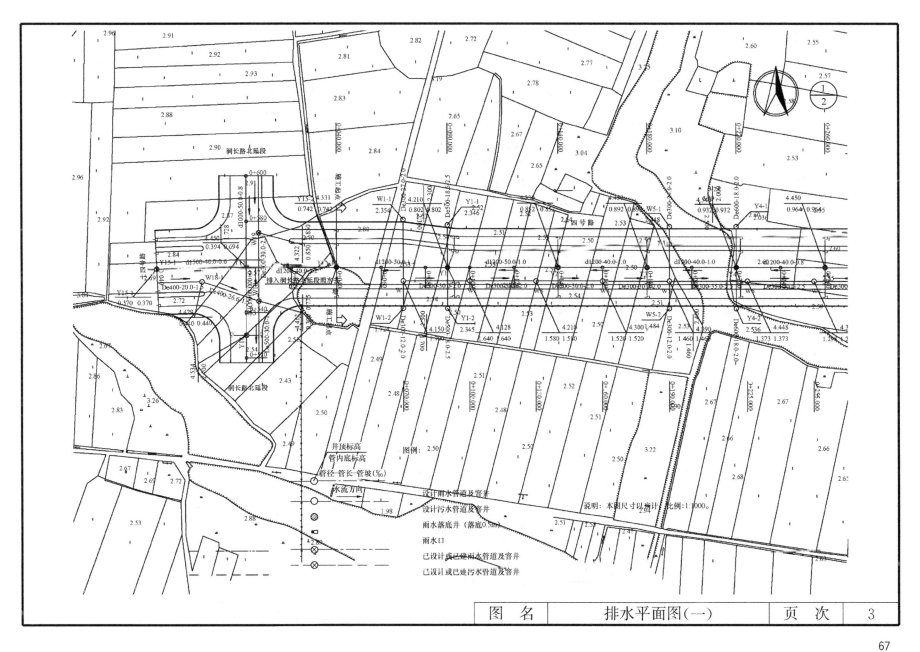

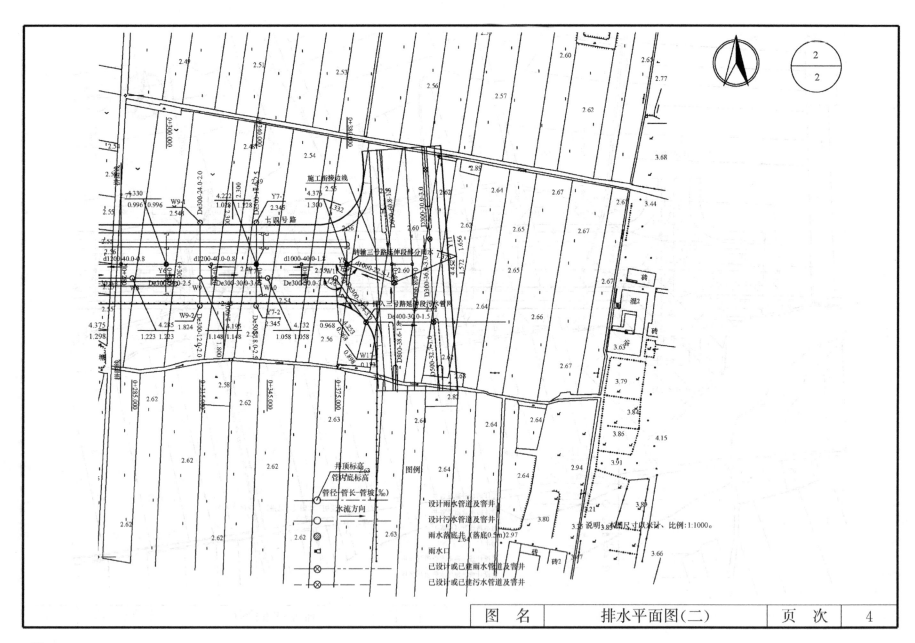

| 图 名 | 排水平面图(二) | 页次 | 4 |

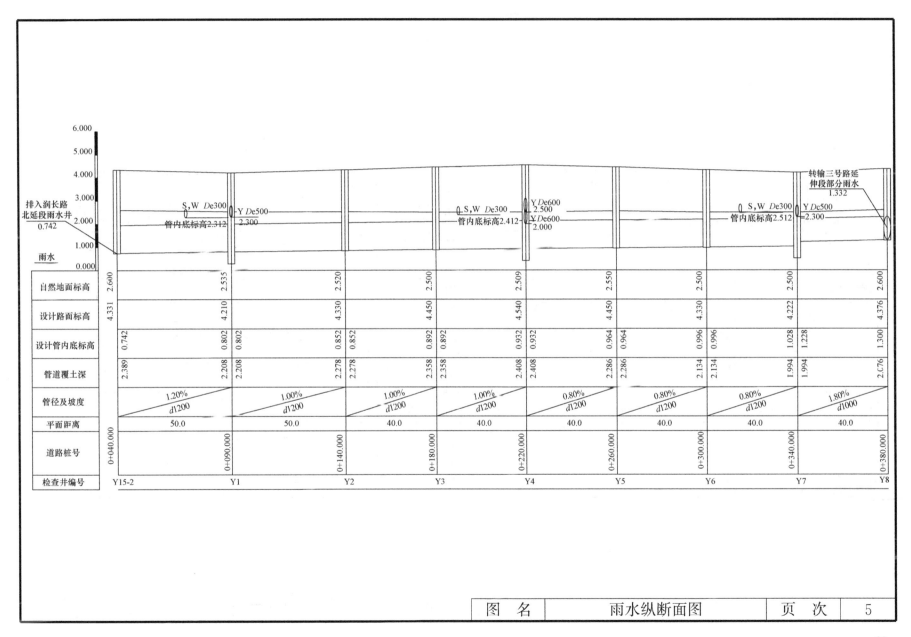

| 图 名 | 雨水纵断面图 | 页 次 | 5 |

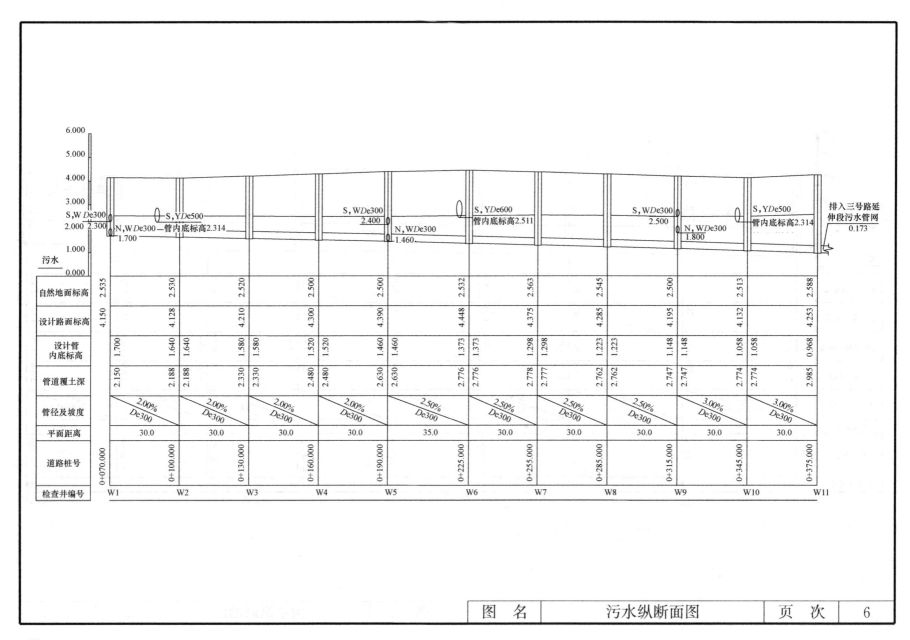

排水结构施工图设计说明

一、**本套图纸尺寸以毫米计，标高以米计（85 国家高程）。**

二、**排水管道基础及检查井**

1. De225～De600 管采用承插式 HDPE 缠绕管，橡胶圈接口，砂—碎石基础。

2. d800～d1200 管采用 II 级承插式钢筋混凝土排水管，135℃ C20 钢筋混凝土基础。

3. 检查井做法详见国标图集砖砌检查井（02S515），落底井落底深度均为 0.5m。检查井用于检修用踏步取消。

三、**不良地基处理**

对于穿越现状河塘及位于淤泥及淤泥质黏土层的排水管道，要求砂垫层或混凝土垫层下采用 300mm 厚疏排块石挤密（小头朝下），并铺设一层无纺土工格栅并上铺一层 15cm 砂垫层。

四、**管道交叉处理**

上下交叉管道管外壁净距小于等于 500mm 时进行交叉处理。

五、**材料**

1. 除标明外，混凝土为 C25，Φ 为 HPB235 级钢筋，Φ 为 HRB335 级钢筋，主筋净保护层：基础及井底板下层为 40mm，其余为 35mm。

2. 车行道下所有检查井均采用重型钢纤维混凝土井座井盖，绿化带下可采用轻型钢纤维混凝土井座井盖。

六、**施工要点**

管道采用开槽埋管施工，应做好沟槽的排水工作及基槽围护，严禁超挖。并注意挖土的堆放应离开沟槽具有合适位置从管底基础至管顶 0.5m 范围内，沿管道、检查井两侧必须采用人工对称、分层回填压实，严禁用机械推土回填。管两侧分层压实时，宜采取临时限位措施，防止管道上浮。钢筋混凝土（HDPE 管）管道两侧回填土密实度为 90%（95%），管顶以上 500mm 内回填土密实度为 85%（90%），其余按路基要求回填。回填材料从管底基础面至管顶以上 0.5m 范围内的沟槽回填材料采用砂石、粒径小于 40mm 的砂砾、中粗砂或沟槽开挖出的良质土。

七、**施工应严格执行国家现行的施工及验收规范，遇地质情况异常，应及时与业主和设计单位联系。**

图 名	排水结构施工图设计说明	页 次	7

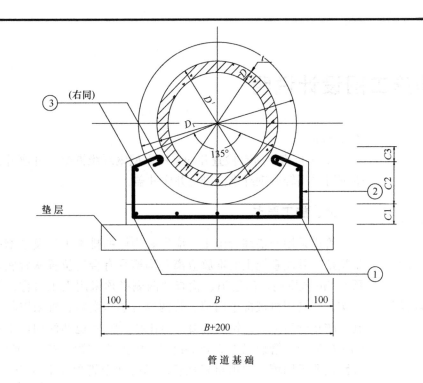

管道基础

说明：1. 本图尺寸以毫米计。
2. 适用条件：
  (1) 管顶覆土：$D800 \sim D1200$ 为 $0.7 \sim 6.0m$；
  (2) 开槽埋设的排水管道；
  (3) 地基为原状土。
3. 材料：混凝土：C20；钢筋：ϕ 为HPB235级钢筋。
4. 主筋净保护层：下层为35mm，其他为30mm。
5. 垫层：C10素混凝土垫层，厚100mm。
6. 管槽回填土的密实度：管子两侧不低于90%，严禁单侧填高，管顶以上500mm内，不低于85%，管顶500mm以上按路基要求回填。
7. 管基础与管道必须结合良好。
8. 当施工过程中需在C1层面处留施工缝时，则在继续施工时应将间歇面凿毛刷净，以使整个管基结为一体。
9. 管道带形基础每隔15～20m断开20mm，内填闭孔聚乙烯泡沫板。

基础尺寸及材料表

D	D'	$D1$	t	B	$C1$	$C2$	$C3$	①	②	③	每米管道基础工程量			
(mm)	(mm)	(mm)	(mm)	(mm)	(mm)	(mm)	(mm)				C20混凝土 (m^3)	①筋长(m)	②筋长(m)	③筋长(m)
800	930	1104	65	1204	80	303	71	7ϕ10	ϕ8@200	2ϕ10	0.356	7.00	10.71	4.00
1000	1150	1346	75	1446	80	374	79	8ϕ10	ϕ8@200	2ϕ10	0.483	8.00	12.84	4.00
1200	1380	1616	90	1716	80	453	91	9ϕ10	ϕ8@200	2ϕ10	0.658	9.00	15.29	4.00

图名	D800～D1200承插管135°钢筋混凝土基础	页次	8

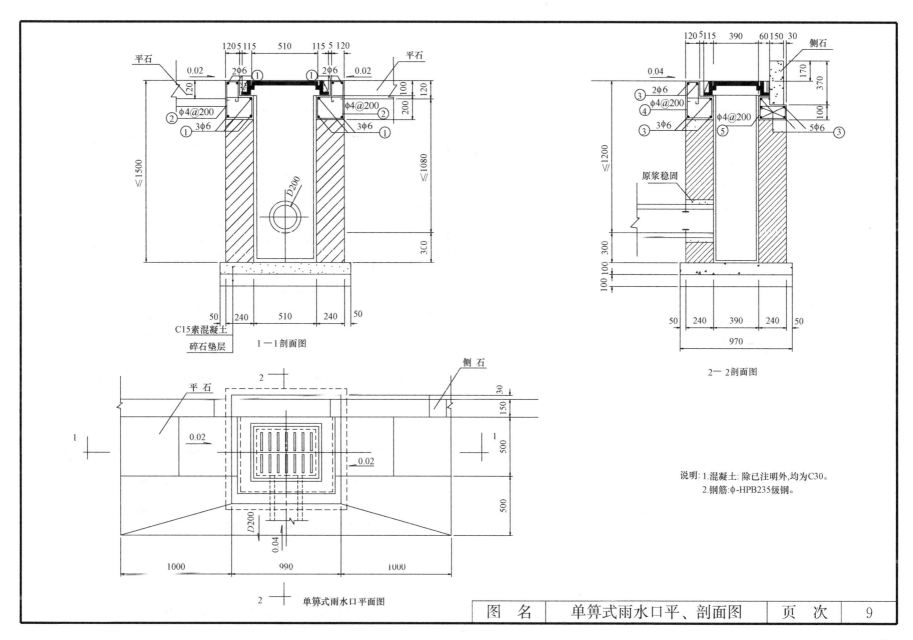

钢筋明细表

编号	简 图	直径	根数
①	810	φ6	10
②	80 / 260 / 150 / 160 / 200	φ4	10
③	930	φ6	10
④	80 / 260 / 150 / 160 / 200	φ4	6
⑤	45 / 160 / 150 / 60 / 200	φ4	6

注：①号筋遇侧石折弯。

主要工程数量表

序号	材料名称	单位	数量	备注
1	碎石垫层	m³	0.106	
2	C15混凝土	m³	0.106	
3	砖砌体	m³/m	0.662	
4	砂浆抹面 底面	m²	0.199	
4	砂浆抹面 内侧面	m²/m	1.80	
5	雨水口箅子及底座	套	1	防盗式
6	C30钢筋混凝土	m³	0.136	

说 明：1. 单位：mm。
2. 本图适用于沥青路面，当为混凝土路面时，则取消平石，箅子周围应浇筑钢筋混凝土加固，详见加固图。
3. 砖砌体用M10水泥砂浆砌筑MU10机砖，井内壁抹面厚20mm。
4. 勾缝、座浆和抹面均用1:2水泥砂浆。
5. 要求雨水口箅面比周围道路低2～3cm，并与路面接顺，以利排水。
6. 安装箅座时，下面应座浆；箅座与侧石、平石之间应用砂浆填缝。
7. 雨水口管：随接入井方向设置，$D225\ i=0.01$。

图 名	单箅式雨水口主要工程量及钢筋表	页 次	10

训练四 排水(顶管施工)

图 纸 目 录

图　名	页次
管位图	1
排水平面图	2
WJ11 井结构图(一)	3
WJ11 井结构图(二)	4
WD11 井结构图(一)	5
WD11 井结构图(二)	6
WD11 井结构图(三)	7
d900F 型钢筋混凝土管结构(一)	8
d900F 型钢筋混凝土管结构(二)	9

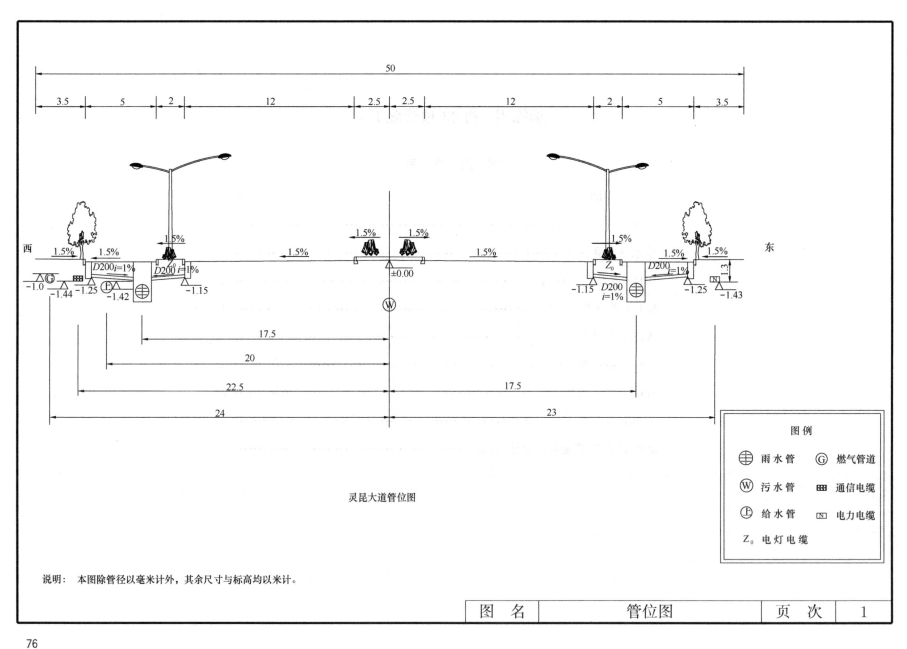

灵昆大道管位图

说明：本图除管径以毫米计外，其余尺寸与标高均以米计。

| 图 名 | 管位图 | 页 次 | 1 |

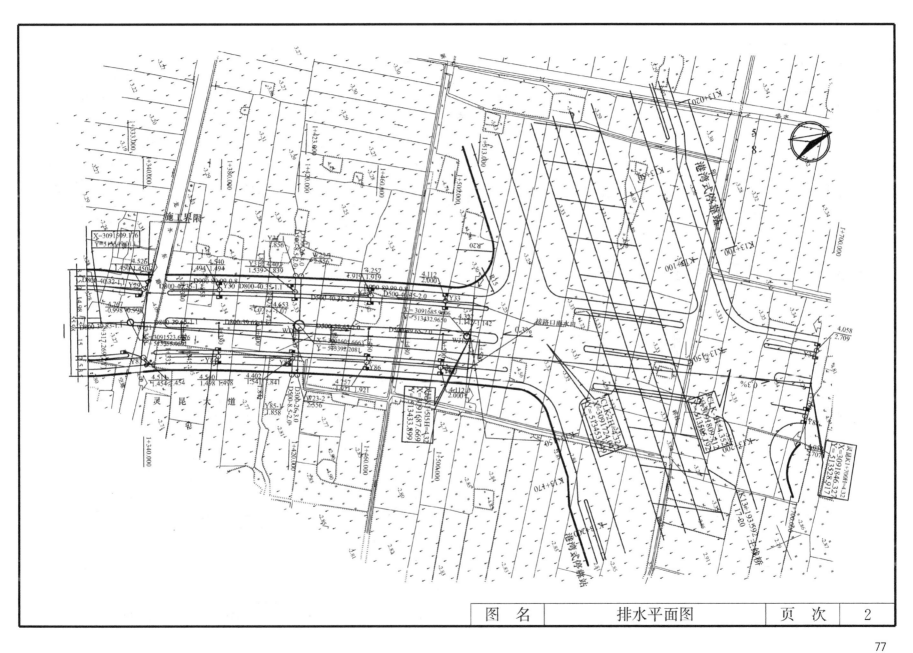

| 图 名 | 排水平面图 | 页 次 | 2 |

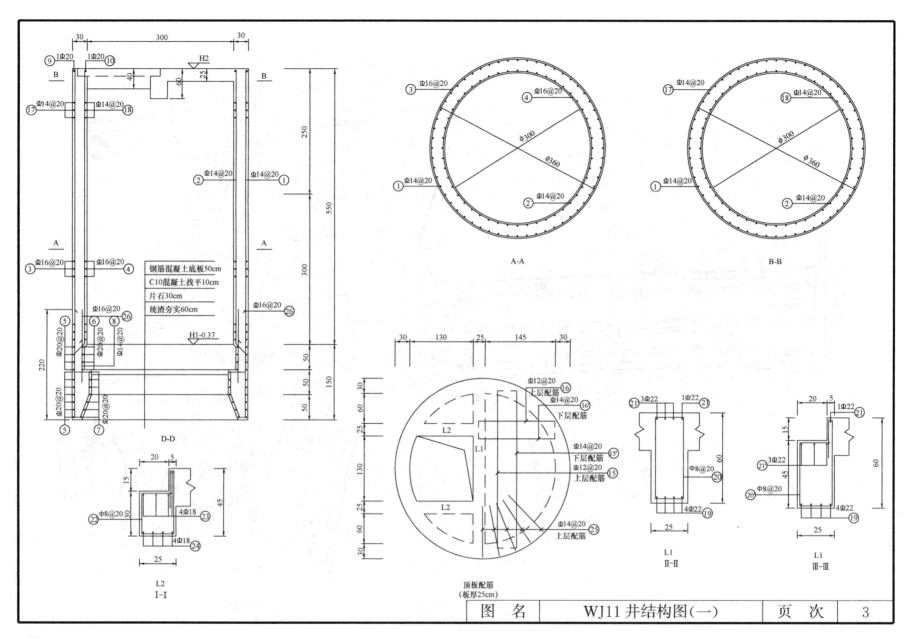

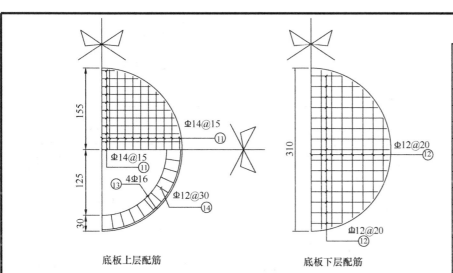

底板上层配筋　　底板下层配筋

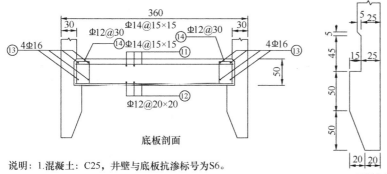

底板剖面

刃脚大样

说明：1.混凝土：C25，井壁与底板抗渗标号为S6。
2.本图要结合工艺图使用，以正确预埋和预留，标高H1、H2见工艺图。
3.施工时井壁内外竖筋应用φ8S形钢筋拉结，S形钢筋纵横间距均为150cm。
4.标高采用85国家高程系，钢筋直径以毫米计，余以厘米计。
5.钢筋保护层厚度为3.5cm。
6.施工缝设置处设置加强筋，钢筋同9、10号钢筋。
7.本钢筋表未扣除洞口截断部分钢筋。
8.本钢筋表未计洞口加强钢筋。

钢材数量表

编号	钢筋形状及尺寸	直径(mm)	一根长(cm)	根数	总长(m)	单位重(kg/m)	总重(kg)
1	694 39 47/50	Φ14	844	56	472.64	1.208	570.9
2	544 30	Φ14	574.0	50	287.0	1.208	346.7
3	D354	Φ16	1190.0	16	190.40	1.578	300.5
4	D310	Φ16	1050.0	16	168.00	1.578	265.1
5	D354	Φ20	1200.0	11	132.00	2.466	325.5
6	D320	Φ20	1100.0	4	44.00	2.466	108.5
7	D310	Φ20	1070.0	7	74.90	2.466	184.7
8	100	Φ14	100.0	51	51.00	1.208	61.6
9	D354	Φ20	1200.0	1	12.00	2.466	29.6
10	D310	Φ20	1070.0	1	10.70	2.466	26.4
11	10 160 10	Φ14	180.0	44	79.20	1.208	95.7
12	10 160 10	Φ12	180.0	44	79.20	0.888	70.3
13	D290	Φ16	990.0	4	39.60	1.578	62.5
14	25 S 39	Φ12	113.0	31	35.03	0.888	31.1
15	10 179.3 10	Φ12	199.3	20	39.86	0.888	35.4
15'	10 179.3 10	Φ14	199.3	20	39.86	1.208	48.2
16	10 234.4 10	Φ12	254.4	15	38.10	0.888	33.8
16'	10 234.4 10	Φ14	254.4	15	38.10	1.208	46.0
17	D354	Φ14	1180.0	13	153.40	1.208	185.3
18	D310	Φ14	1040.0	13	135.20	1.208	163.3
19	20 354 20	Φ22	394.0	4	15.76	2.980	47.0
20	22 57 5	φ8	168.0	8	13.44	0.395	5.3
20'	22 57 21 25 3	φ8	171.0	8	13.68	0.395	5.4
21	60 354 60	Φ22	474.0	1	4.74	2.980	14.1
21'	60 67 190 67 60	Φ22	490.0	3	14.70	2.980	43.8
22	21.6 26.6 21 25 3	φ8	139.8	14	19.57	0.395	7.7
23	40 179 40	Φ18	259.0	8	20.72	2.000	41.5
24	20 179 20	Φ18	219.0	8	17.52	2.000	35.1
25	30 105	Φ14	135.0	54	72.90	1.208	88.1
26	120 47/50 220 15 14	Φ16	466.0	56	260.96	1.578	411.8
合计：		HPB235级：18.4kg			HRB335级：3672.5kg		

图名：WJ11井结构图（二）

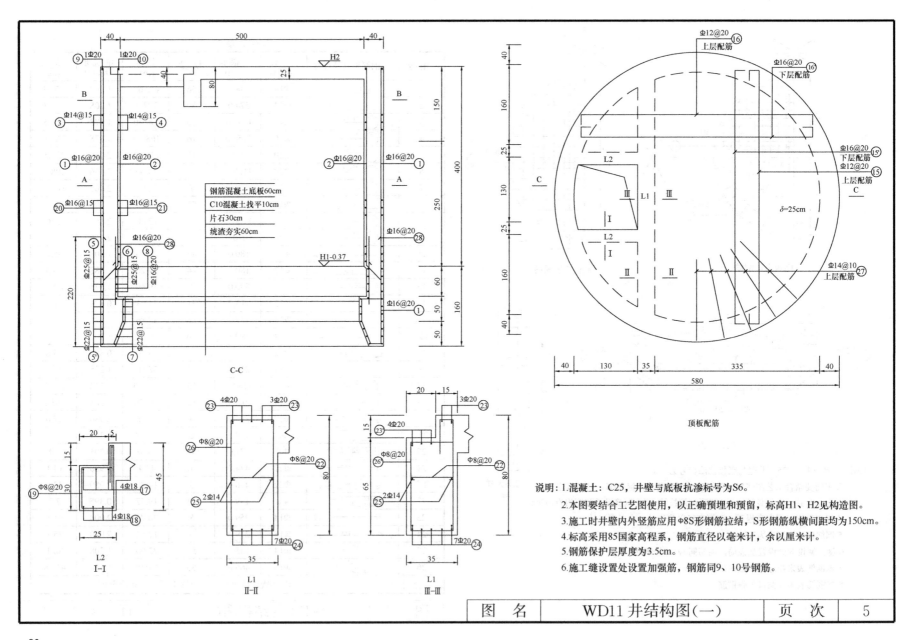

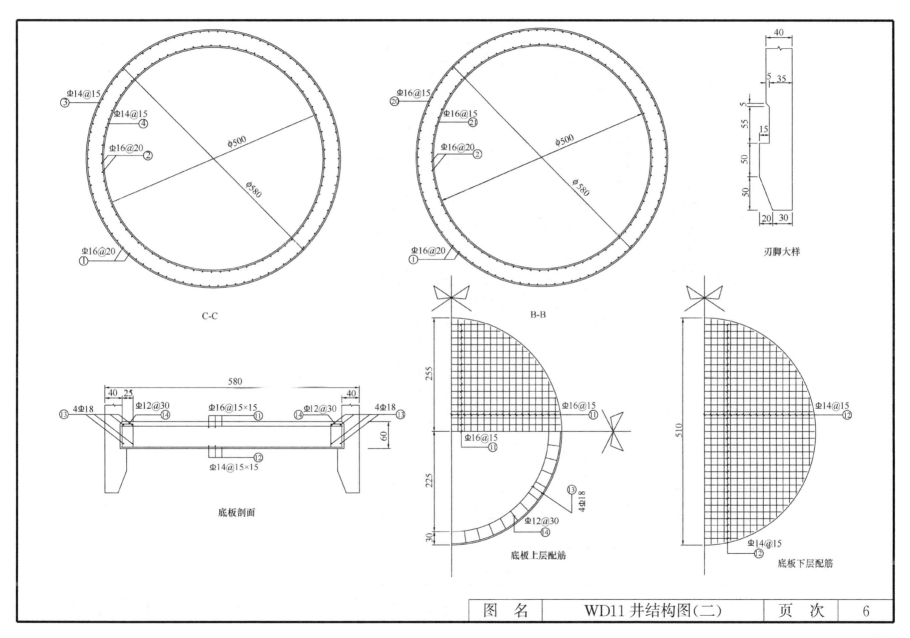

钢材数量表

编号	钢筋形状及尺寸	直径(mm)	一根长(cm)	根数	总长(m)	单位重(kg/m)	总重(kg)
1	554 ╫ 46 / 25	Φ16	720.0	91	655.20	1.578	1033.9
2	394	Φ16	437.0	80	349.60	1.578	551.7
3	D=574	Φ14	1880.0	11	206.80	1.208	249.8
4	D=510	Φ14	1680.0	11	184.80	1.208	223.2
5	D=574	Φ25	1920.0	5	96.00	3.853	369.9
5'	D=574	Φ22	1900.0	7	133.00	2.984	396.9
6	D=520	Φ25	1750.0	5	87.50	3.853	337.2
7	D=510	Φ22	1700.0	7	119.00	2.984	355.1
8	100	Φ16	100.0	81	81.00	1.578	127.8
9	D=574	Φ20	1890.0	1	18.90	2.466	46.6
10	D=510	Φ20	1690.0	1	16.90	2.466	41.7
11	260	Φ16	280.0	68	190.40	1.578	300.5
12	260	Φ14	260.0	68	176.80	1.208	213.6
13	D=475	Φ18	1570.0	4	62.80	1.998	125.4
14	25 ╫ 39	Φ12	113.0	54	61.02	0.888	54.2
15	371.5	Φ12	391.5	25	97.88	0.888	86.9
15'	371.5	Φ16	391.5	25	97.88	1.580	154.7
16	439.6	Φ12	459.6	30	137.88	0.888	122.5
16'	439.6	Φ16	459.6	30	137.88	1.580	217.9
17	200	Φ18	260.0	8	20.80	1.998	41.6
18	200	Φ18	240.0	8	19.20	1.998	38.4
19	21.6 / 36.6 / 25	Φ8	129.8	14	18.17	0.395	7.2
20	D=574	Φ16	1890.0	17	321.30	1.578	507.1
21	D=510	Φ16	1690.0	17	287.30	1.578	453.5
22	32	Φ8	52.0	24	12.48	0.395	4.9
23	534	Φ25	654.0	3	19.62	3.850	75.5
23'	157 / 190 / 157	Φ25	670.0	4	26.80	3.850	103.2
24	534	Φ20	574.0	7	40.18	2.466	99.1
25	534	Φ14	574.0	2	11.48	1.208	13.9
26	32 / 77 / 5	Φ8	228.0	16	36.48	0.395	14.4
26'	32/62/77/12	Φ8	240.0	8	19.20	0.395	7.6
27	165	Φ14	205.0	169	346.45	1.208	418.5
28	120 / 46 / 25	Φ16	477.0	91	434.07	1.578	685.0
合计：		HPB235级：34.1kg			HRB335级：7445.3kg		

说明：1. 本钢筋表未扣除洞口截断部分钢筋。
2. 本钢筋表未计洞口加强钢筋。

图名　WD11井结构图（三）　页次 7

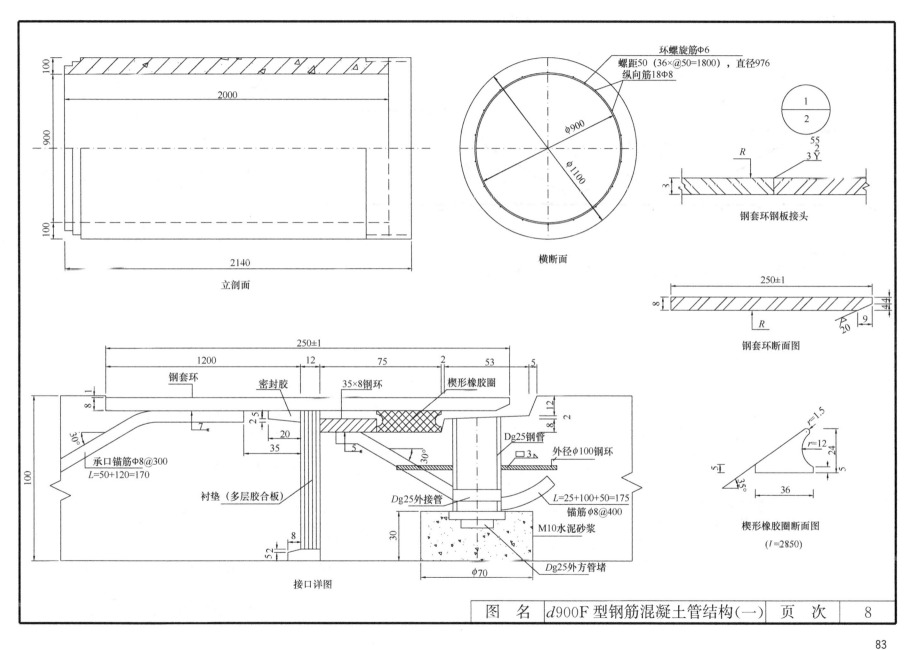

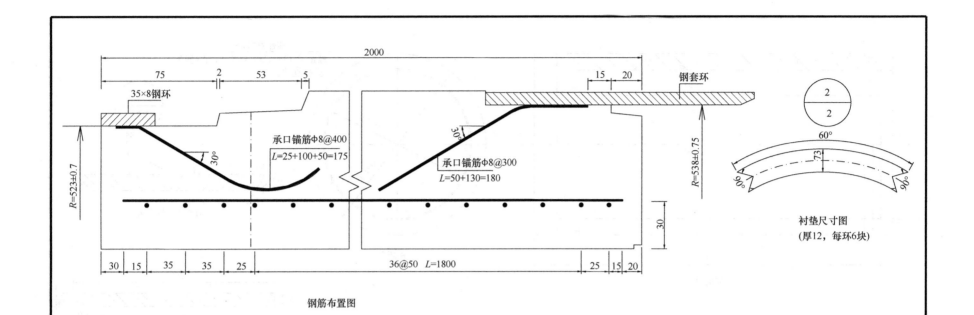

钢筋布置图

材料表（一节）

钢筋种类		长度 mm	根数	总长 m	重量 kg
环筋	Φ6	125650	1	122.2	27.13
纵向筋	Φ8	1950	18	35.1	13.86
插口锚筋		175	9	1.58	0.624
承口锚筋		180	12	2.16	0.853
合计		混凝土用量	0.616m³		42.47
		管重	1540kg		

说明：1. 图中尺寸均为毫米。
2. 材料：混凝土强度等级为C50，钢筋为冷轧带肋钢筋，采用LL550，其强度必须逐盘检验。
3. 主筋净保护层厚度为30mm。
4. 环筋首尾需加绕一圈，搭接长度为42d。
5. 管材每节长2m。
6. 顶管许用顶力为200t。
7. 钢板套环材料为16锰钢，采用环氧富锌底漆二度，每度30u，环氧沥青面漆二度，每度80u，钢套环接头内侧应磨平。
8. 注浆孔设置三个均匀布置。
9. 裂缝荷载为81kN/m，破坏荷载为122kN/m。
10. 管材还应符合混凝土和钢筋混凝土排水管（GB 11836-1999）的要求。

图 名	d900F型钢筋混凝土管结构（二）	页 次	9

训练五 排水(牵引施工)

图 纸 目 录

| 图　　名 | 页次 |

排水平面图 ………………………………………………………………… 1

W1～W2牵引管纵断面示意图 …………………………………………… 2

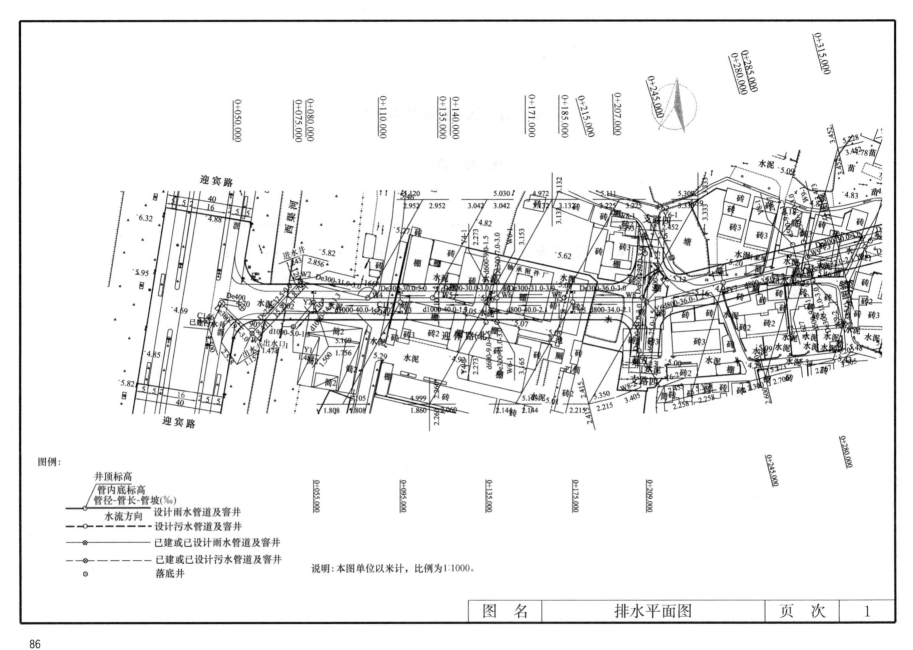

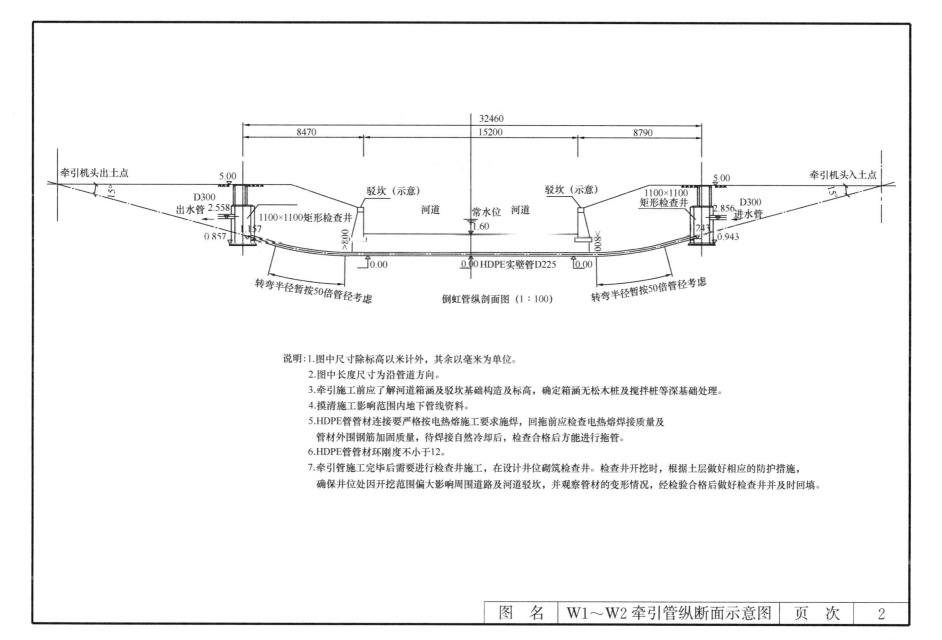

倒虹管纵剖面图（1:100）

说明：
1. 图中尺寸除标高以米计外，其余以毫米为单位。
2. 图中长度尺寸为沿管道方向。
3. 牵引施工前应了解河道箱涵及驳坎基础构造及标高，确定箱涵无松木桩及搅拌桩等深基础处理。
4. 摸清施工影响范围内地下管线资料。
5. HDPE管管材连接要严格按电热熔施工要求施焊，回拖前应检查电热熔焊接质量及管材外围钢筋加固质量，待焊接自然冷却后，检查合格后方能进行拖管。
6. HDPE管管材环刚度不小于12。
7. 牵引管施工完毕后需要进行检查井施工，在设计井位砌筑检查井。检查井开挖时，根据土层做好相应的防护措施，确保井位处因开挖范围偏大影响周围道路及河道驳坎，并观察管材的变形情况，经检验合格后做好检查井并及时回填。

| 图 名 | W1～W2牵引管纵断面示意图 | 页次 | 2 |

训练六　给　　水

图　纸　目　录

图　名	页次
给水施工图设计说明 ……………………………………………………	1
给水平面图（一）…………………………………………………………	2
给水平面图（二）…………………………………………………………	3
给水节点图 …………………………………………………………………	4
给水材料表 …………………………………………………………………	5

给水施工图设计说明

一、设计依据及主要设计资料

1.《室外给水设计规范》GB 50013—2006；
2.《城市工程管线综合规划规范》GB 50289—98；
3. 国家工程建设强制性条文——给水排水部分。

二、主要设计内容

1. 图中单位：管径以毫米计，其他以米计。
2. 管材选用：选用球墨铸铁管（DN100、DN200、DN400）主管暂时定为DN400，具体可根据地块用水量更改。
3. 给水管管顶覆土控制在1.0m左右。过路管管顶覆土不得小于0.8m，绿化带中管顶覆土不得小于0.6m，若不满足要求须采用钢套管或混凝土方包加固。
4. 图中各种阀门设井保护，所有管道三通、弯管、盲法兰盘处均设支墩，锚固设施加固，本工程DN100、DN200管道支墩参考DN300管（ϕ=18°，敷土 H=1m）做法；DN100、DN200采用ϕ1200闸阀井，DN400采用ϕ1800蝶阀井，具体做法详见国家标准图集05S502和03SS505。
5. 室外消火栓位于道路侧石边0.5m处，具体做法详见国家标准图集01S201第6页。
6. 排气阀设在两座桥梁跨中间标高最高处。
7. 埋地钢制管配件防腐：

（1）所有采用IPN 8710系列防腐涂料防腐的钢制管配件涂前处理：所有钢制管配件的内外壁在防腐涂料涂刷前应彻底清除被涂表面的浮锈、污杂物、焊渣，达到S3级，保持干燥，无水迹。

（2）内防腐：采用二底二面工艺，其结构为底漆-底漆-面漆-面漆，其中底漆、面漆均为IPN 8710-2B饮水容器涂料，层与层之间的涂刷间隔以表干为宜，厚度在200μm。

（3）外防腐：采用二布四涂工艺，其结构为底漆-绕玻纤布-二道面漆。其中底漆、面漆均为IPN 8710-3厚浆型涂料；玻纤布为10×10以上中碱无蜡脱脂纤维布，防腐层总厚度大于500μm。

（4）外防腐检验：厚度检查：大于500μm；针孔检查用直流电火花检漏仪，埋地钢管：按5000V电压检测防腐涂层的完整性，以不打电火花为合格。

三、施工注意事项

1. 给水铸铁管敷设在未经扰动的原状土层上或经过开槽后回填密实的土层上，如遇到淤泥和其他软弱地基，须进行地基处理后，方可施工。
2. 施工时，管线交叉应按有压管让无压管，小管道让大管道为原则。若与其他管线交叉困难，要及时与有关单位联系，协商解决。出户管应与室内管道相对应。若遇给水管位于排水管下方时，给水管应加设套管，套管管径应大二号，长度为1.0m。
3. 各种阀门安装时，请注意与管道工作压力的匹配。
4. 未尽事项，均应符合《给水排水管道工程施工及验收规范》（GB 50268—97）和《居住小区给水排水设计规范》（CECS 57：94）及国家现行的有关标准、规范的规定。

四、验收标准及质量控制

1. 管道设计压力为0.40MPa，管道试验泵水压按0.9MPa进行。冲洗、消毒均按国家有关规范规定进行。
2. 施工均应符合《给水排水管道工程施工及验收规范》GB 50268—97及国家现行有关标准、规范的规定。

图 名	给水施工图设计说明	页 次	1

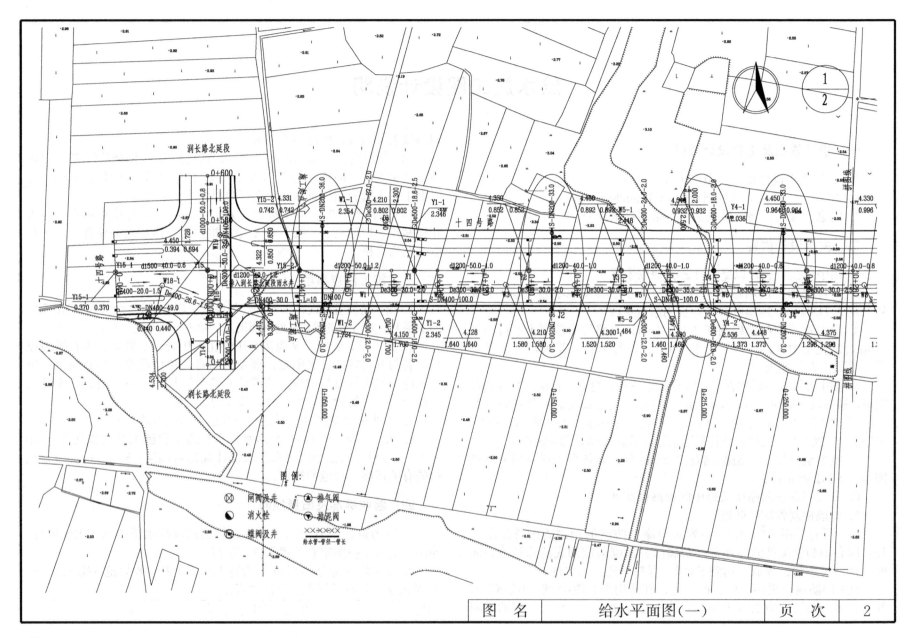

| 图 名 | 给水平面图(一) | 页 次 | 2 |

给水平面图(二)

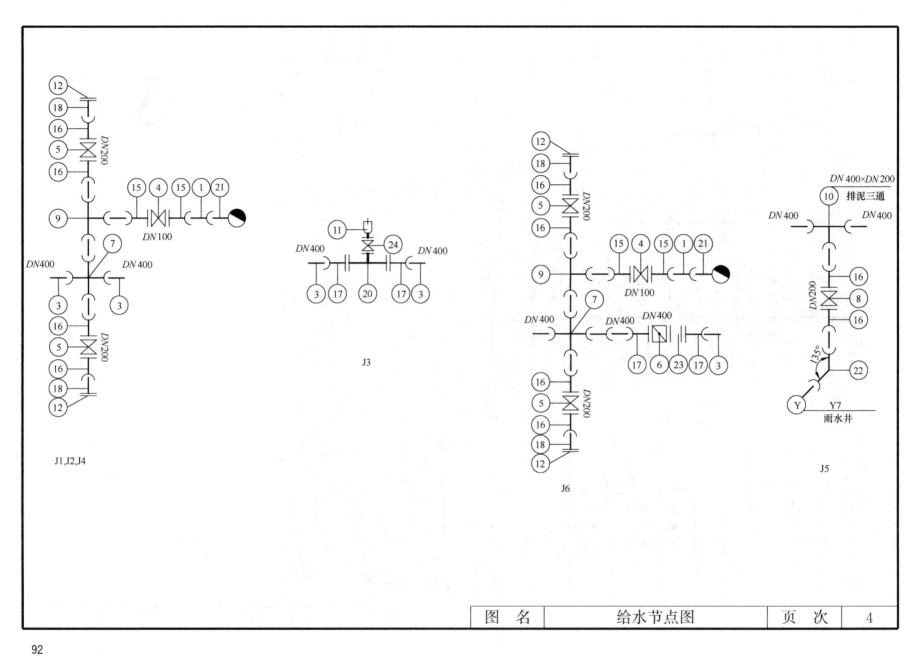

给水材料表

编号	名 称	规 格	材料	符号	单位	数量	备 注
1	球墨铸铁管	DN100	球铁	─⊂	米	16	简称"球铁管",K9级,T型接口
2		DN200				163	
3		DN400				354	
4	闸阀	DN100	球铁	⋈	只	4	Z45T-10型
5		DN200				13	
6	蝶阀	DN400	钢		只	1	D343H型,1.0MPa,法兰连接
7	四通	DN400×200	球铁		只	4	
8	三承三通	DN400×400	球铁		只	1	
9		DN200×100				4	
10	排泥三通	DN400×200	球铁		只	1	
11	排气阀	DN50			只	1	CARS复合排气阀
12	盲法兰盘	DN200	球铁	|	只	6	
13		DN400				1	
14	阀门井	1200	砖砌		座	18	见国标05S502
15	承盘短管	DN100	球铁		只	8	
16		DN200				18	
17		DN400				2	
18	插盘短管	DN200	球铁		只	8	
19		DN400				1	
20	排气三通	DN400×50	球铁		只	1	
21	消火栓	SS100/65-1.0			只	4	含弯管底座,详见01S201
22	弯头	DN200×45°	球铁		只	1	
23	双法兰加强型伸缩接头	VSSJA-2C,Q,NBR-500-530-1	钢		只	4	
24	截止阀	DN50	球铁	⋈	只	1	Z45T-10型

图 名	给水材料表	页 次	5

训练七　桥梁(现浇梁板、深基础)

图　纸　目　录

图　　名	页次
桥梁施工图设计说明(一)	1
桥梁施工图设计说明(二)	2
桥位平面图	3
桥型布置图	4
总体布置平面图	5
墩台一般构造图	6
连续梁板钢筋构造图(一)	7
连续梁板钢筋构造图(二)	8
连续梁板钢筋构造图(三)	9
桥台盖梁配筋图	10
桥台背墙配筋图(西侧桥台)	11
桥台背墙配筋图(东侧桥台)	12
桥墩桩基配筋图	13
桥台桩基配筋图	14
桥墩横系梁构造图	15

桥梁施工图设计说明

一、设计规范和依据

1. 苏州工业园区金鸡湖大酒店有限公司委托设计合同；
2. 《城市桥梁设计准则》CJJ 11—93；
3. 《城市桥梁设计荷载标准》CJJ 77—98；
4. 《公路桥涵设计通用规范》JTG D60—2004；
5. 《公路钢筋混凝土及预应力混凝土桥涵设计规范》JTG D62—2004；
6. 《苏州工业园区金鸡湖大酒店岩土工程详细勘察报告》（江苏苏州地质工程勘察院）。

二、主要设计标准

1. 设计荷载：城—B级，人群荷载：4.0kN/m²。
2. 桥梁宽度：桥梁全宽 10.5m：0.25m(栏杆)＋3.0m(人行道)＋3.5m(行车道)＋3.5m(行车道)＋0.25m(栏杆)。
3. 平面位于曲线上，道路中线圆曲线 $R=185$m，桥梁中心线 $R=186.5$m，纵断面位于直线上，纵坡－0.44％。
4. 桥梁横坡：双向 1.5％，横坡由桥面铺装调整。人行道横坡为 1.5％。
5. 河道宽度约 14m，常水位标高 1.30m。桥梁无通航要求。

三、桥梁概况

1. 上部结构

上部结构采用 3 孔一联 10m＋16m＋10m 现浇连续实体板，在桥台位置设置伸缩缝。

2. 下部结构

下部结构为桩柱桥台，排架式桥墩，钻孔灌注桩基。

四、主要材料

1. 现浇连续梁采用 C40 混凝土，桥面铺装采用 C40 三角形防水混凝土垫层找坡(最薄处为 8cm)再做 4cm 细粒式沥青混凝土。盖梁、耳墙采用 C30 混凝土，钻孔灌注桩采用 C25 混凝土。
2. 普通钢筋：HPB235 级钢筋，HRB335 级钢筋。
3. 桥墩支座采用 GPZ(Ⅱ)2.0 系列盆式支座，桥台支座采用 GJZF4300×400×49mm 四氟滑板支座。

五、钻孔灌注桩

1. 根据现有地质资料，钻孔桩采用摩擦桩。其桩的长度及配筋要求以本图为准。
2. 由于拟建场地近期经过大面积大量填土，桩基设计考虑了新近填土产生的不利影响。
3. 若发现实际地质情况与勘察报告不符时，应及时通知建设、监理、勘探及设计单位，及时处理。
4. 钻孔桩在成孔完毕和清孔后必须进行质量检验。清孔沉渣厚度不大于 10cm。

图 名	桥梁施工图设计说明（一）	页 次	1

5. 桩孔桩采用C25水下混凝土，桩身混凝土不允许产生夹泥、缩径或断桩情况。

6. 钢筋笼的箍筋、加强筋与主筋间应点焊连接，点焊总数不小于25％，相邻焊接点错位、均匀布置。

7. 灌注水下混凝土时，钢筋笼下沉不宜超过10cm，上浮不宜超过20cm。

六、桥台盖梁

1. 桥台盖梁采用C30混凝土。

2. 桥台盖梁混凝土应一次浇筑，不设施工缝，混凝土浇筑时不能采用附着式振捣器，以策安全。

3. 桥台顶面设伸缩缝。

七、施工要点

1. 梁板按满堂支架一次浇筑。必须保证浇捣质量。

2. 浇筑板体混凝土前，必须对模板支架的底部地基根据具体情况做加固处理，并应对支架进行预压，以消除支架变形对结构的影响。

3. 梁板底模设置1.5～2cm的预拱度。

4. 混凝土应注意养护，防止出现非受力裂缝。

5. 施工时注意梁体预埋件，施工前应详细阅读施工图。

6. 河道施工应保证台前土稳定，必要时进行适当铺砌，具体根据景观设计确定。

7. 遵循先架梁，后填土的原则。

8. 桥台台后透水性强砂砾石分层回填夯实，填料中不得含有淤泥、腐殖质或耕植土及生活垃圾。

9. 桥台盖梁施工完成后，应结合河道及时回填，回填土顶面距盖梁顶面不低于20～25cm，不得将支座埋在填土中。

10. 施工质量按照《市政桥梁工程质量检验评定标准》CJJ 2—90、《公路工程质量检验评定标准》JTJ 071—98执行。

11. 未尽事宜，请严格按照《公路桥涵施工技术规范》JTJ 041—2000执行。施工过程中应加强施工组织管理，发生异常情况请及时与有关单位联系。

图 名	桥梁施工图设计说明（二）	页 次	2

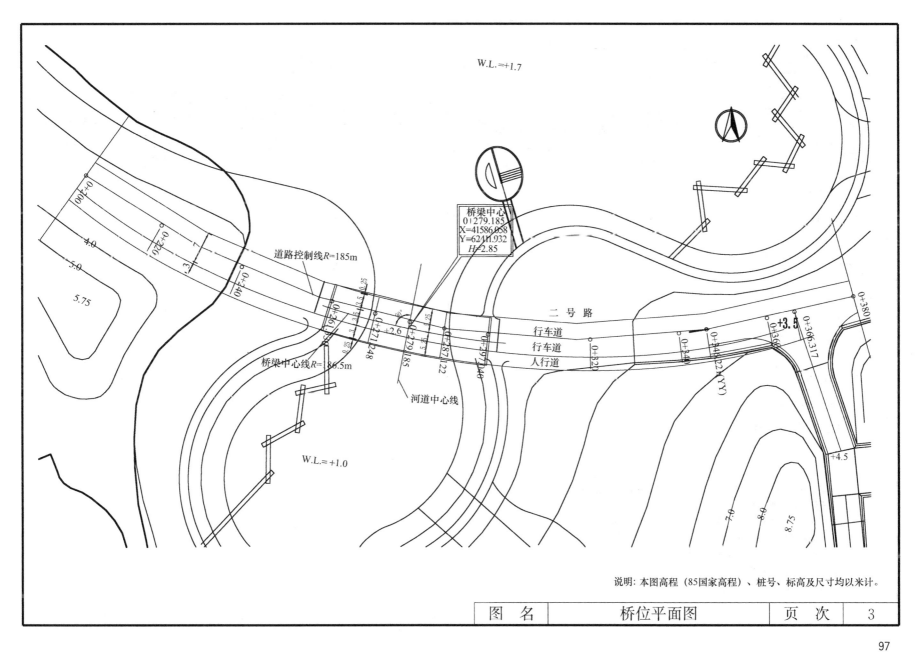

说明：本图高程（85国家高程）、桩号、标高及尺寸均以米计。

| 图 名 | 桥位平面图 | 页 次 | 3 |

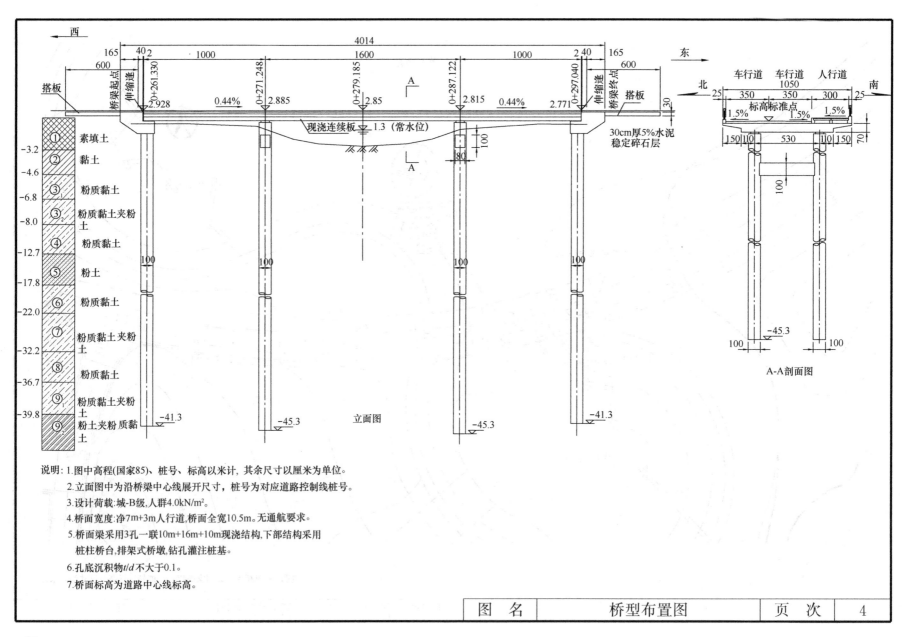

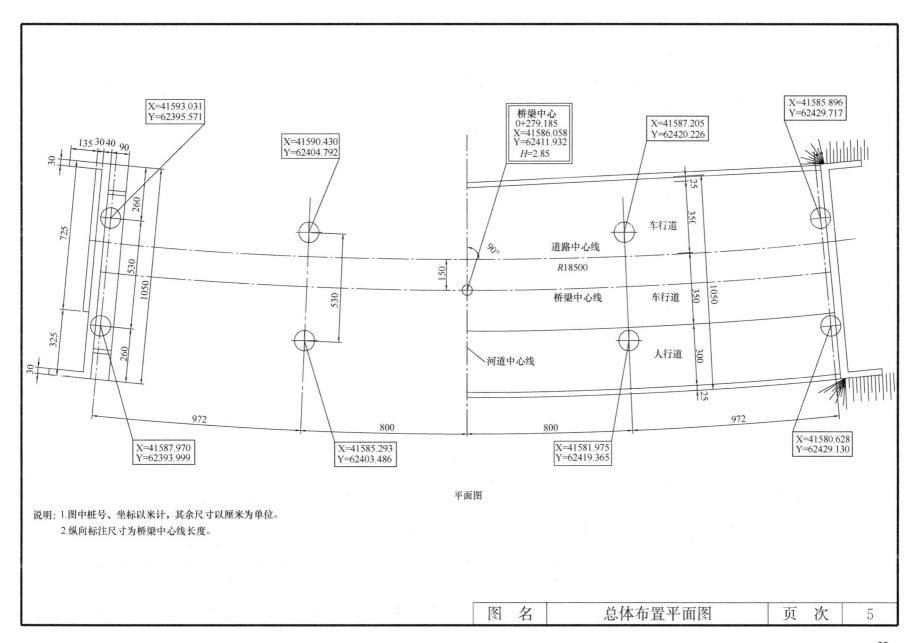

平面图

说明：1.图中桩号、坐标以米计，其余尺寸以厘米为单位。
2.纵向标注尺寸为桥梁中心线长度。

| 图　名 | 总体布置平面图 | 页　次 | 5 |

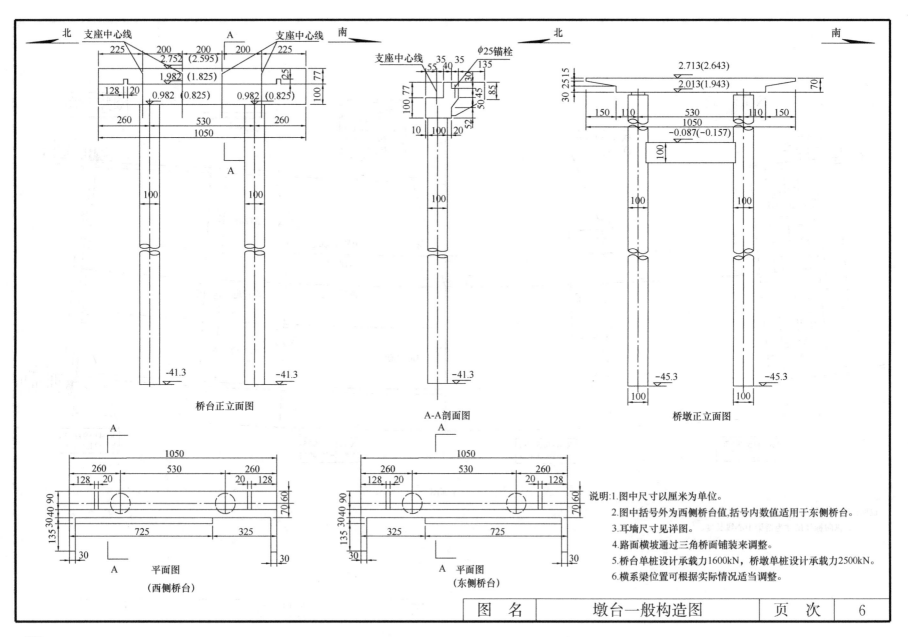

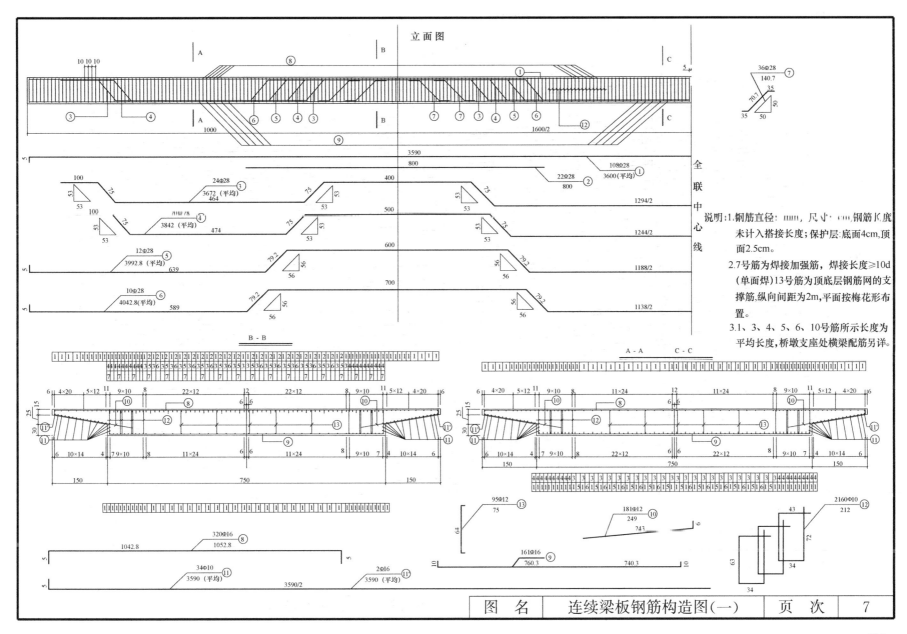

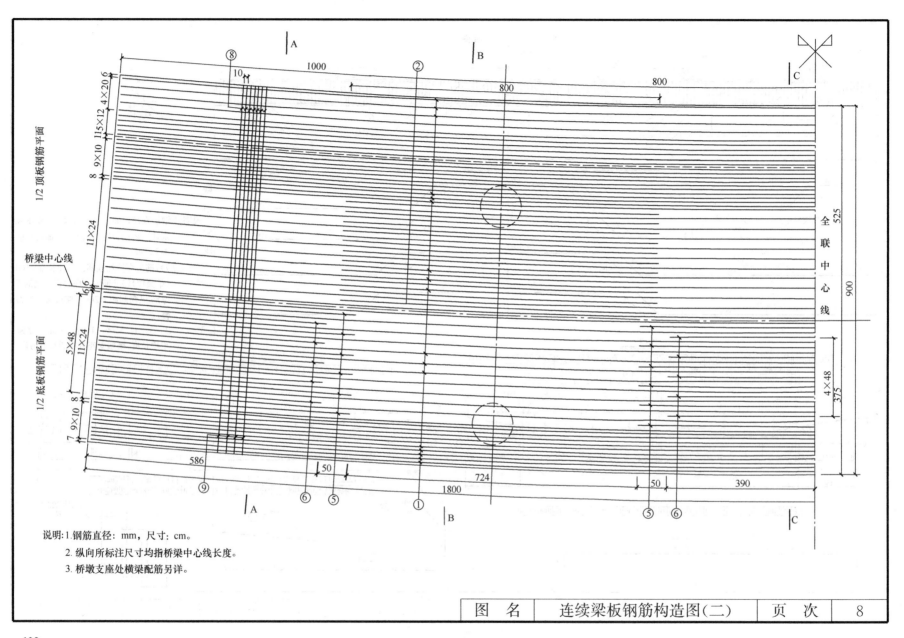

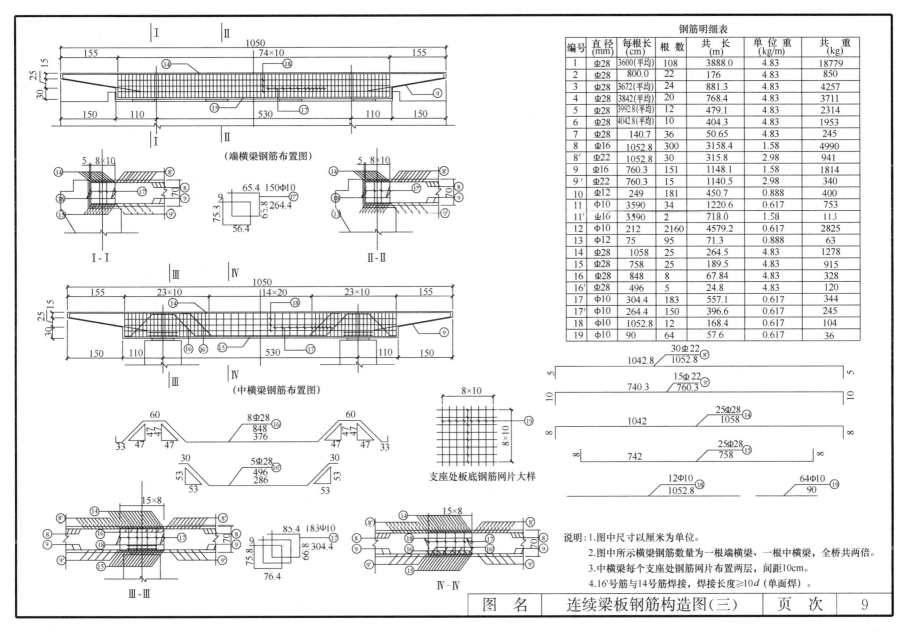

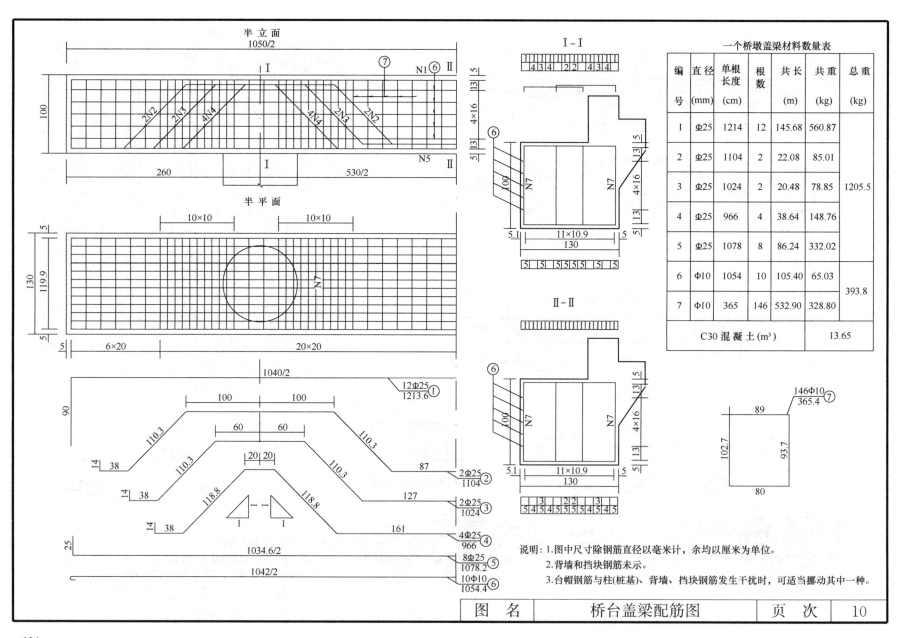

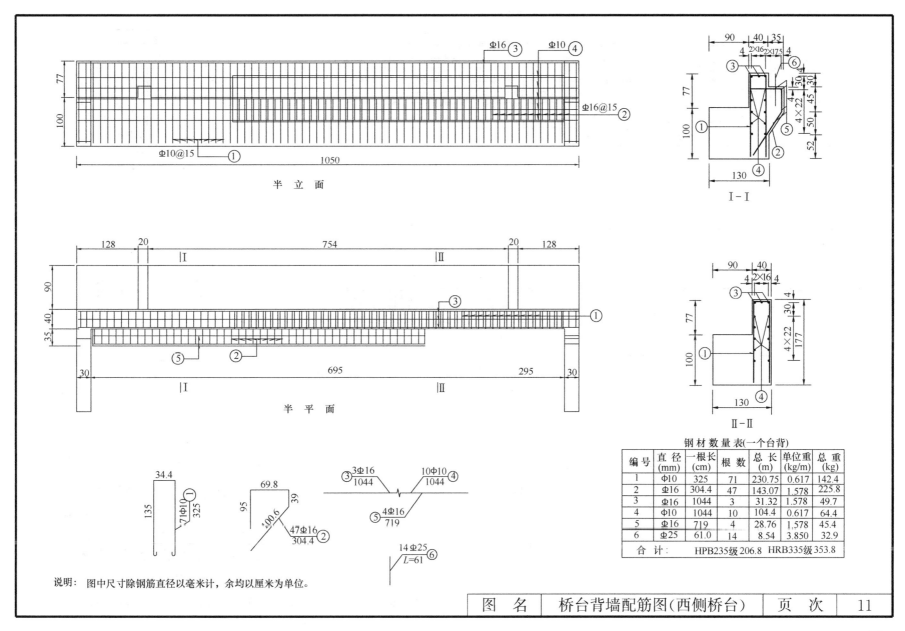

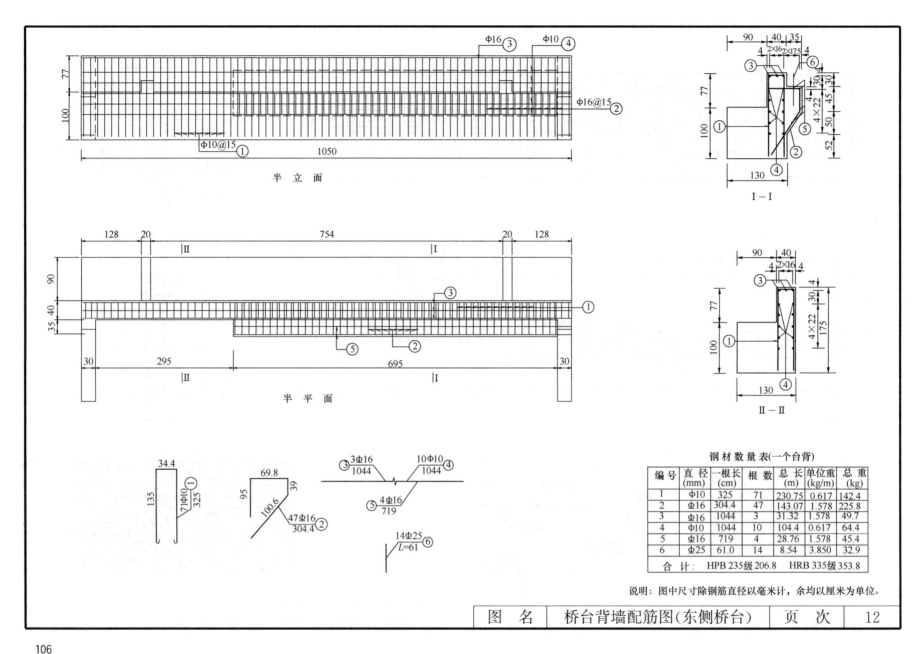

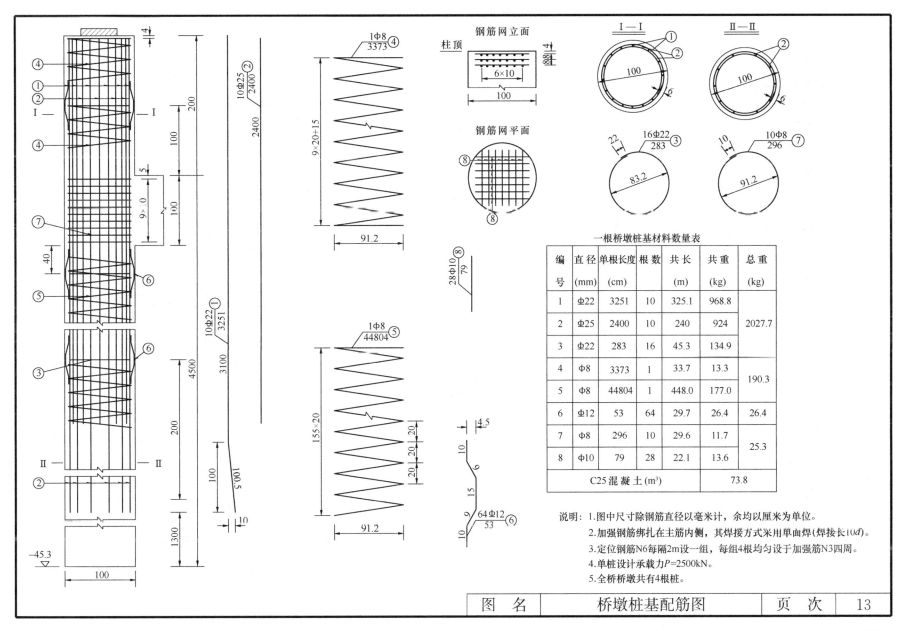

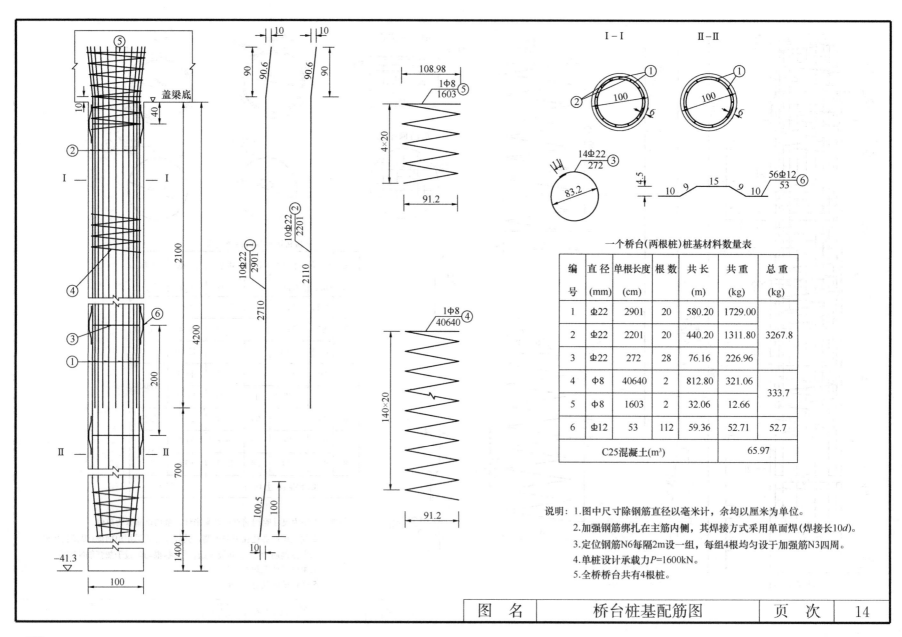

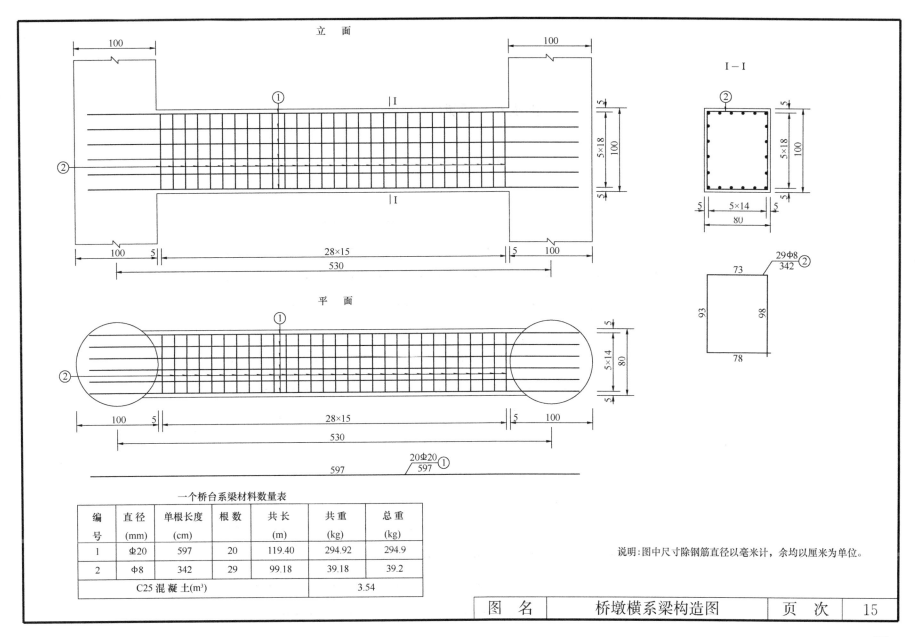

训练八　桥梁(浅基础)

图 纸 目 录

图　名	页次
桥梁施工图设计说明(一)	1
桥梁施工图设计说明(二)	2
桥位平面图	3
桥型总体布置立面图	4
桥梁总体布置平面图	5
桥梁横断面图	6
桥台一般构造图	7
16m空心板中板一般构造图	8
16m空心板边板一般构造图	9
16m空心板中板普通钢筋构造图	10
16m空心板边板普通钢筋构造图	11
16m空心板预应力钢束构造图	12
16m空心板普通钢筋数量表	13
台帽配筋图	14
承台配筋图	15

桥梁施工图设计说明

一、设计规范和依据

1. 《公路桥涵设计通用规范》JTG D60—2004；
2. 《公路钢筋混凝土及预应力混凝土桥涵设计规范》JTG D62—2004；
3. 《公路桥涵地基与基础设计规范》JTG D63—2007；
4. 《公路桥涵施工技术规范》JTJ 041—2000；
5. 《公路工程技术标准》JTJ B01—2003；
6. 《公路桥梁抗震设计细则》JTG/T B02—01—2008；
7. 《临安市玲珑工业园区玲三路工程地质勘察报告》（详细勘察）。

二、主要设计标准

1. 设计荷载：汽车荷载：公路—Ⅰ级，人群荷载：4.0kN/m²。
2. 桥梁宽度：0.25m(栏杆)＋5m(人行道)＋4.5机非分隔带＋21m(车行道)＋4.5机非分隔带＋5m(人行道)＋0.25m(栏杆)＝40.5m。
3. 桥梁纵横坡：纵坡服从道路标高，横坡：车行道双向1.5％，人行道反向1.5％。横坡由台帽调整。
4. 抗震等级：本区地震基本烈度为Ⅵ度，按Ⅶ度设防。
5. 通航等级：无通航要求，二十年一遇洪水位49.59m（国家高程、下同），河底标高47.29m。

三、桥梁概况

本次设计桥梁位于玲三路上，中心桩号2＋512.500，桥梁轴线与河道中心线右交角为100°。

1. 上部结构

桥梁上部为16m简支梁桥，16m板采用预应力钢筋混凝土空心板，在两侧桥台处各设置一道4cm伸缩缝。梁板中板梁宽124cm，边板宽124.5cm，梁高为80cm。

2. 下部结构

桥台采用扩大基础，重力式桥台。

四、桥台台帽

1. 台帽采用C30混凝土。
2. 台帽的施工容许误差为±10mm。
3. 台帽挡块与主梁的外侧空隙，在主梁安装后用C20混凝土填充挡块与主梁间的空隙，并以油毛毡与主梁外侧隔离。
4. 台帽混凝土应一次浇筑，不设施工缝，混凝土浇筑时不能采用附着式振捣器，以策安全。
5. 台帽混凝土宜达到100％设计强度后方可安装主梁。
6. 桥台顶面设伸缩缝，前墙顶部的后浇混凝土与伸缩缝一起浇筑，接缝按施工缝处理。

五、空心板梁

1. 主要材料

图 名	桥梁施工图设计说明（一）	页 次	1

(1) 混凝土：16m 预制空心板梁采用 C50，铰缝采用 C40，封端混凝土采用 C25。

(2) 预应力筋：$\phi^s15.2$ 低松弛钢绞线（符合 GB/T 5224—2003 标准），标准强度 $f_{pk}=1860$MPa，弹性模量 1.95×10^5MPa。

(3) 普通钢筋：HPB235 级钢筋，HRB335 级钢筋，满足可焊性要求。

2. 施工要点

(1) 空心板上面应保持粗糙，桥面铺装前视情况进行板面刻槽拉毛处理，以便桥面与预制板间有良好的整体作用。

(2) 浇筑铰缝混凝土前，必须清除结合面上的浮皮、夹灰，并用水冲洗净后方可浇筑铰缝内混凝土及水泥砂浆，铰缝混凝土及砂浆必须振捣密实。

六、桥梁附属

1. 伸缩缝

伸缩缝成套产品设计，伸缩量为 0~40mm，伸缩缝施工安装时，由产品厂家负责现场指导。

2. 桥面铺装

桥面铺装采用 10cm 厚 C40 防水混凝土横向找平层，并设Φ10@15cm×15cm 带肋钢筋网，再涂刷 HM1500 桥面防水涂料，最后浇筑 4cm 细粒式沥青混凝土。浇筑混凝土铺装前，必须清除板（梁）顶面的浮渣，并洗刷干净，保持桥面湿润状态。混凝土铺装顶面必须拉毛。

3. 支座

(1) 支座均采用圆形板式橡胶支座，为厂家成套产品。

(2) 支座安装前，先去除垫块顶面浮砂，表面应清洁平整。

七、施工注意事项

1. 施工前应通读图纸，注意预埋件的施工和埋设。

2. 桥台台后采用 1:1 砂碎石分层回填，水撼密实，填料中不得含有淤泥、腐殖质或耕植土及生活垃圾。梁板未搁置前填土高度不得超过台身高度一半，以防造成台身过大偏压而导致移位。每层回填厚度不超过 30cm，密实度不小于 95%。

3. 预应力空心板混凝土强度达到 90% 及养护龄期大于 15 天后方可张拉预应力钢束。预应力钢绞线应采用符合 GB/T 5224—2003 标准的高强度低松弛钢绞线 $\phi^s15.2$，$f_{pk}=1860$MPa，锚下张拉控制应力 $\sigma_{con}=1350$MPa。且应符合有关机械性能和冷拉参数。张拉工序为：$0\rightarrow0.1\sigma_{con}\rightarrow1.0\sigma_{con}$（持荷 2min）→锚固。同时测定伸长值与理论值的差值不超过 6%，表格中理论伸长量为 $0.1\sigma_{con}\rightarrow1.0\sigma_{con}$ 间的伸长量，否则应停止张拉，找出原因，加以克服。预应力筋张拉后与设计位置偏差不得大于 5mm。

4. 对于人行道板、栏杆座等与预制板间连接的钢筋，在预制空心板时注意预埋。

5. 支座通过调整三角垫块保证安放水平。

6. 施工中应严格控制测量放样精度。

7. 抽板处管道穿越桥台背墙时，背墙钢筋绕行通过，不得截断。

8. 桥梁两侧 10m 范围内河道驳坎与桥梁接顺，并与规划河道驳坎一并实施。

9. 未尽事项，应严格按照现行相关施工规范执行。

| 图 名 | 桥梁施工图设计说明（二） | 页 次 | 2 |

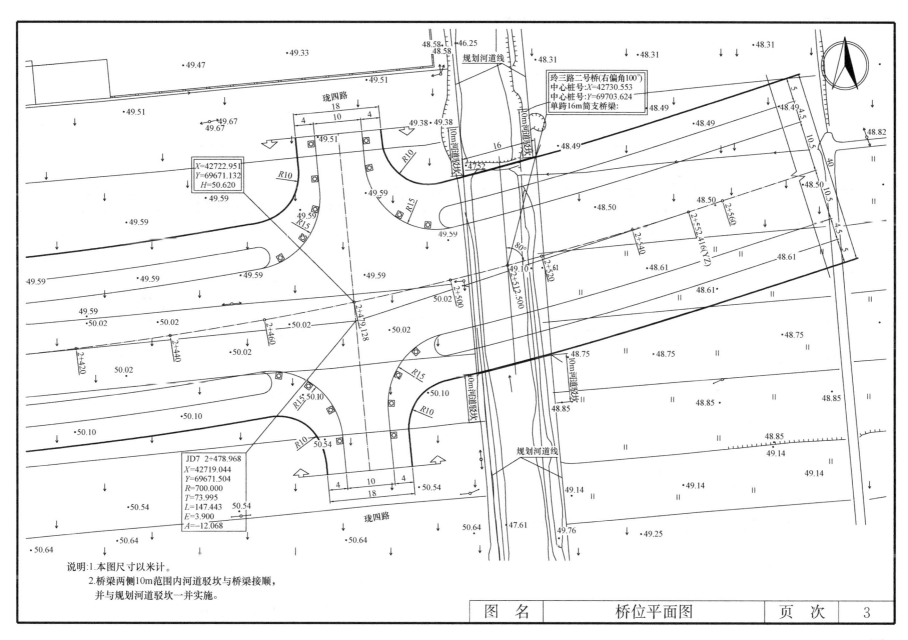

| 图 名 | 桥位平面图 | 页 次 | 3 |

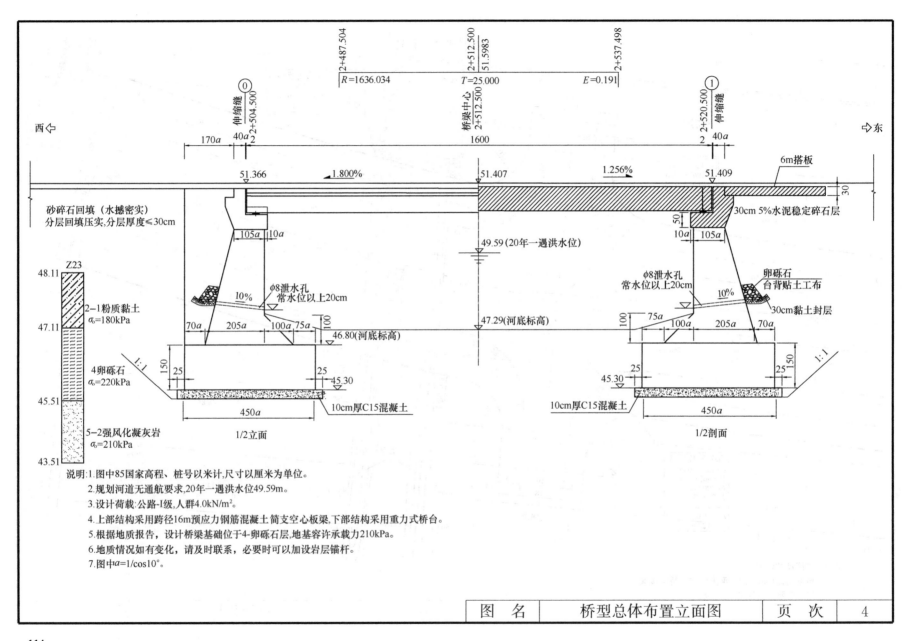

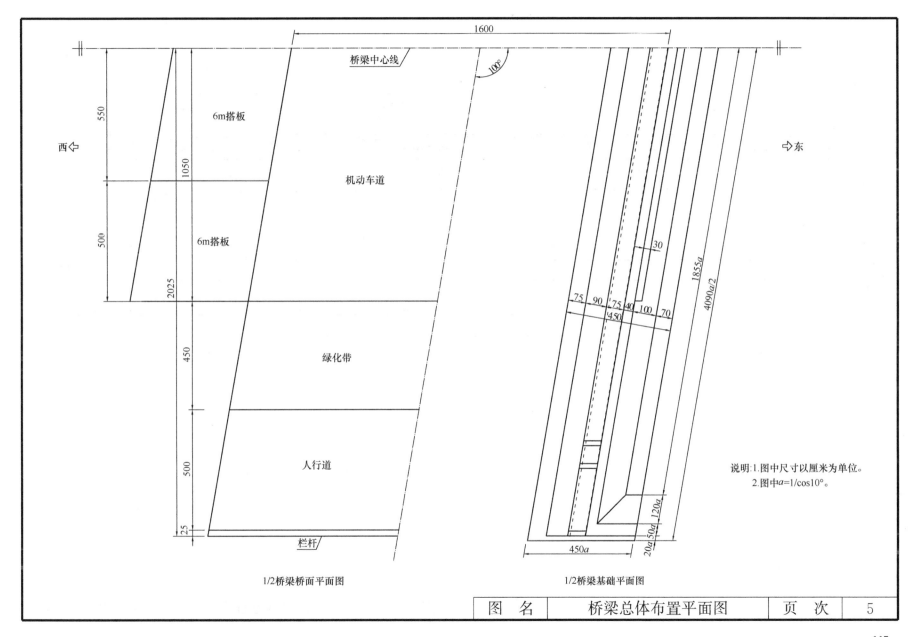

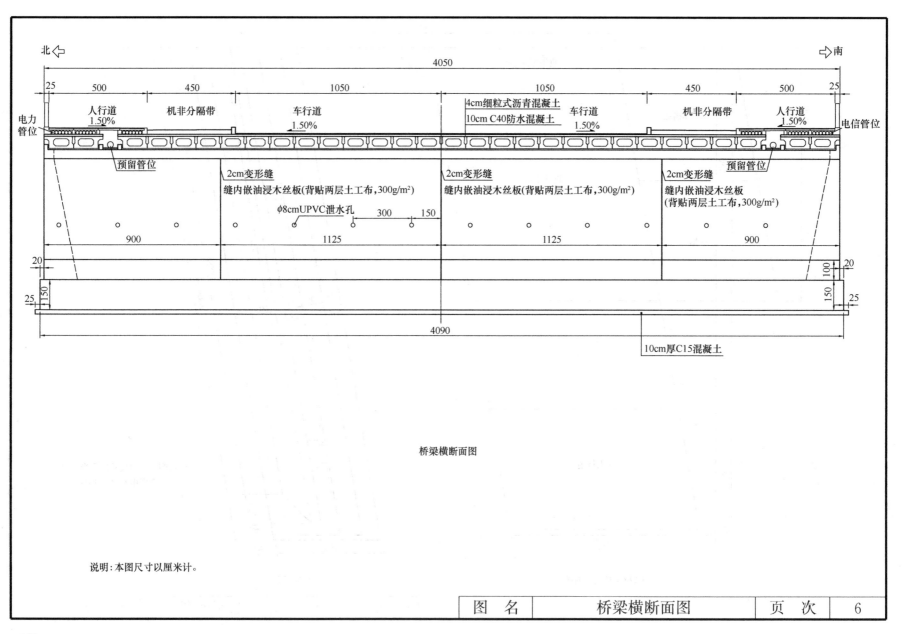

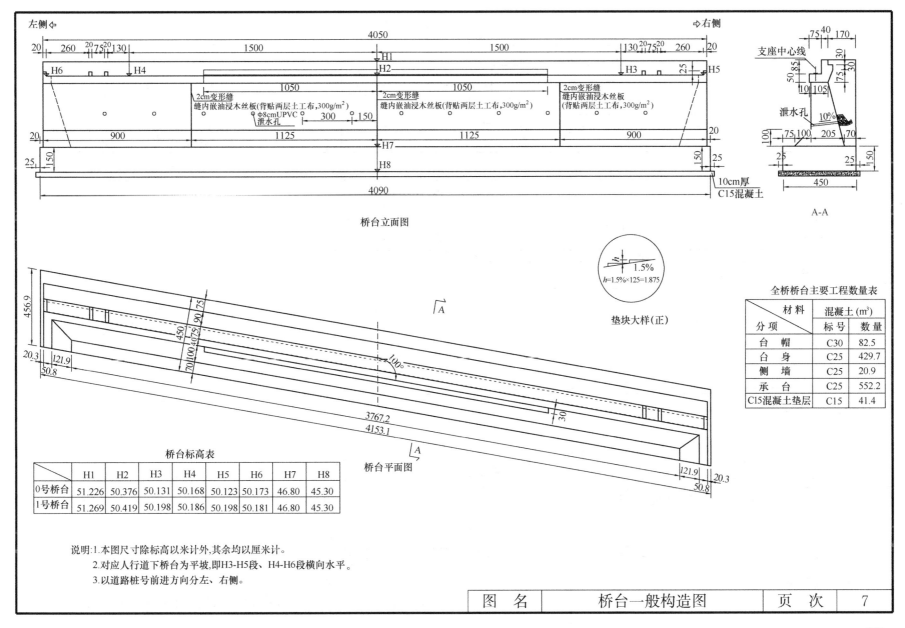

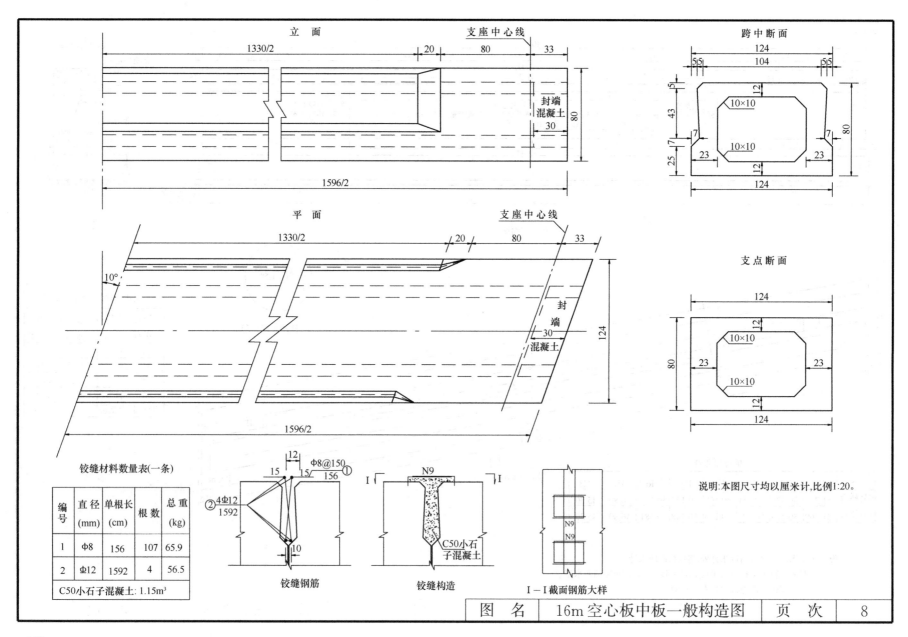

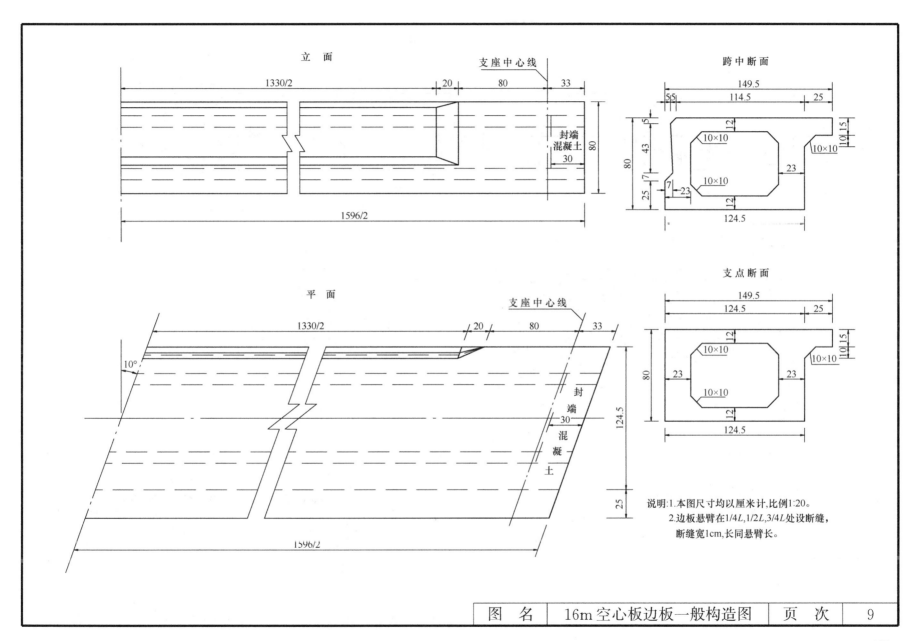

| 图 名 | 16m空心板边板一般构造图 | 页次 | 9 |

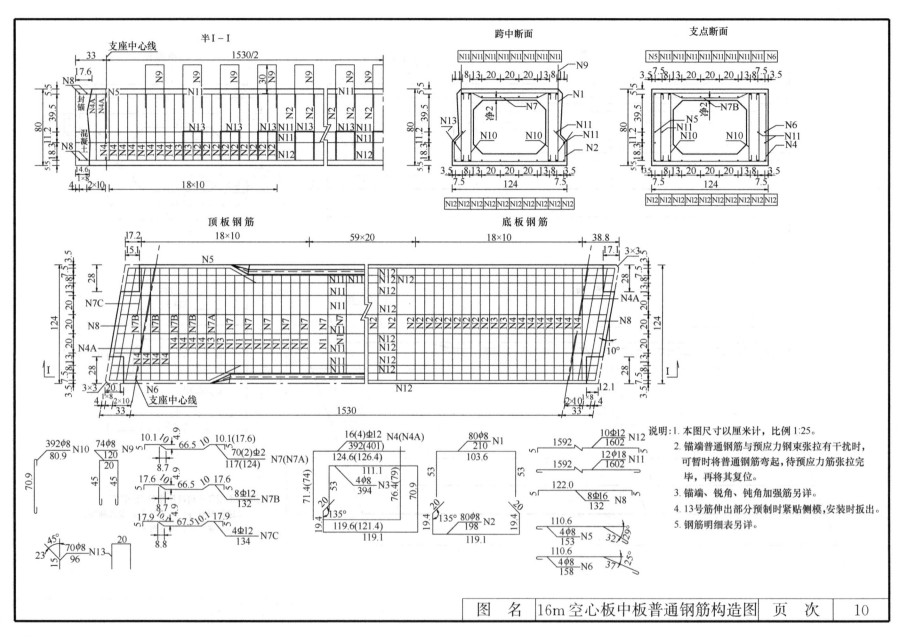

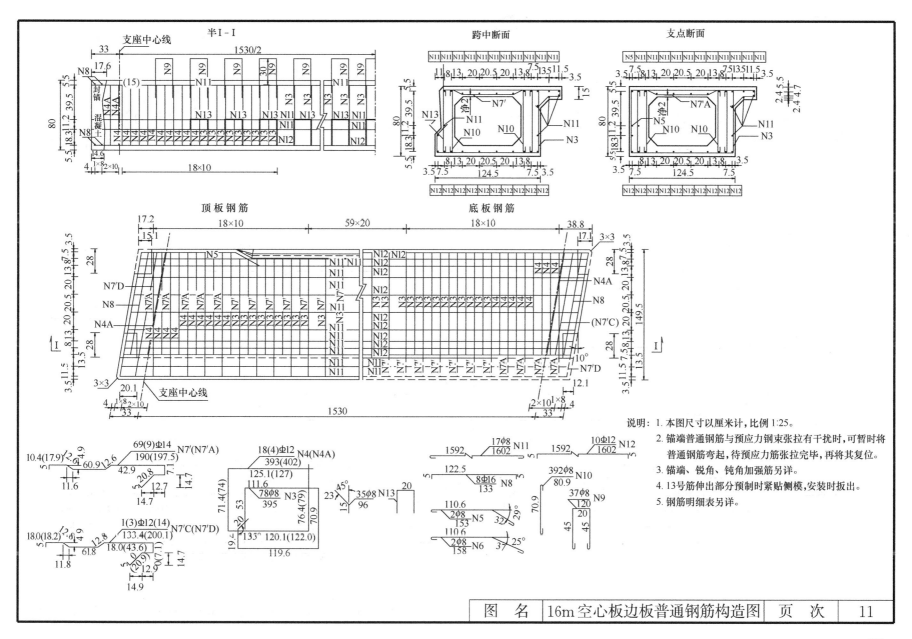

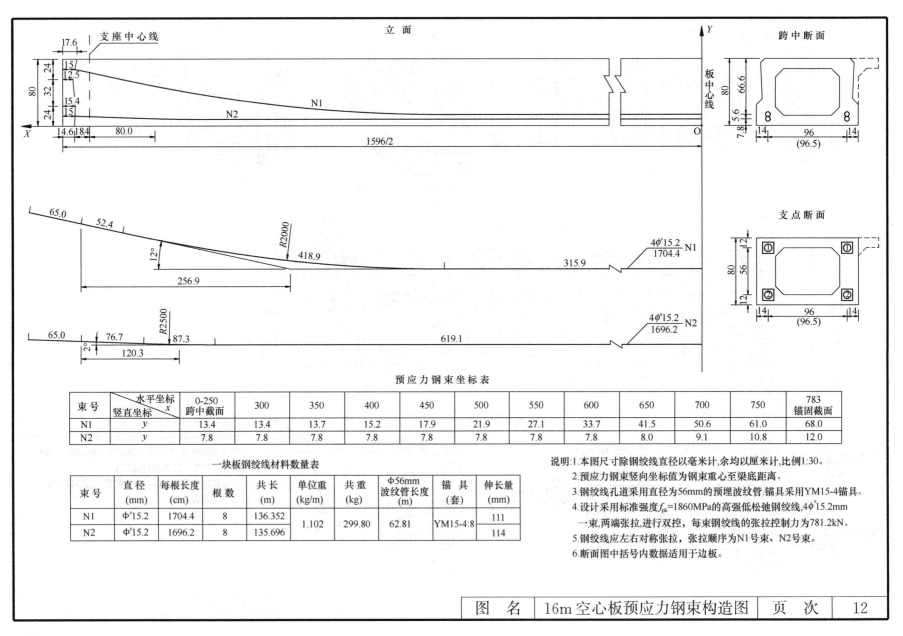

16m空心板普通钢筋数量表

中板斜交角10°								边板斜交角10° 挑臂25cm							
类型	编号	直径(mm)	长度(cm)	根数(根)	共长(m)	共重(kg)	合计	类型	编号	直径(mm)	长度(cm)	根数(根)	共长(m)	共重(kg)	合计
中板	N1	φ8	210.0	76	159.6	63.0	钢筋: (kg)	边板	N3	φ8	395.0	78	308.1	121.7	钢筋: (kg)
	N2	φ8	198.0	76	150.5	59.4	φ8 396.3		N4	⏀12	393.0	18	70.7	62.9	φ8 387.7
	N3	φ8	394.0	4	15.8	6.2	⏀12 301.4		N4A	⏀12	402.0	4	16.1	14.3	⏀12 220.7
	N4	⏀12	392.0	16	62.7	55.7	⏀16 16.5		N4B	⏀12					⏀16 16.8
	N4A	⏀12	401.0	4	16.0	14.3			N5	φ8	153.0	2	3.1	1.2	⏀14 187.3
	N4B	⏀12					混凝土(m³):		N6	φ8	158.0	2	3.2	1.2	混凝土(m³):
	N4C	⏀12					C50预制		N7′	⏀14	190.0	69	131.1	158.5	C50预制
	N5	φ8	153.0	4	6.1	2.4	板混凝土: 8.410		N7′A	⏀14	197.5	9	17.8	21.5	板混凝土: 9.688
	N6	φ8	158.0	4	6.3	2.5			N7′B	⏀12					
	N7	⏀12	117.0	70	81.9	72.8	C25封端		N7′C	⏀12	133.4	1	1.3	1.2	C25封端
	N7A	⏀12	124.0	2	2.5	2.2	混凝土: 0.250		N7′D	⏀14	200.1	3	6.0	7.3	混凝土: 0.252
	N7B	⏀12	132.0	8	10.6	9.4			N7′E	⏀14					
	N7C	⏀12	134.0	4	5.4	4.8	C40铰缝		N8	⏀16	133.0	8	10.6	16.8	C40铰缝
	N7D	⏀12					混凝土: 0.862		N9	φ8	120.0	37	44.4	17.5	混凝土: 0.431
	N8	⏀16	130.4	8	10.4	16.5			N10	φ8	80.9	392	317.1	125.2	
	N9	φ8	120.0	74	88.8	35.1	注: 预制板C50		N11	φ8	1602.0	17	272.3	107.5	注: 预制板C50
	N10	φ8	80.9	392	317.1	125.2	混凝土含封锚混凝土		N12	⏀12	1602.0	10	160.2	142.3	混凝土含封锚混凝土
	N11	φ8	1602.0	12	192.2	75.9			N13	φ8	96.0	35	33.6	13.3	
	N12	⏀12	1602.0	10	160.2	142.3									
	N13	φ8	96.0	70	67.2	26.5									

图 名	16m空心板普通钢筋数量表	页 次	13

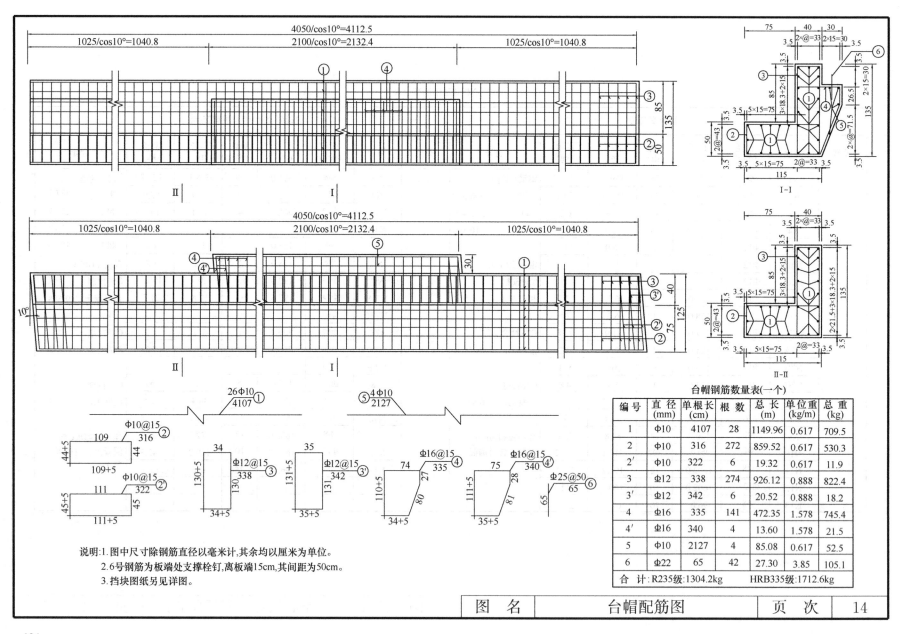

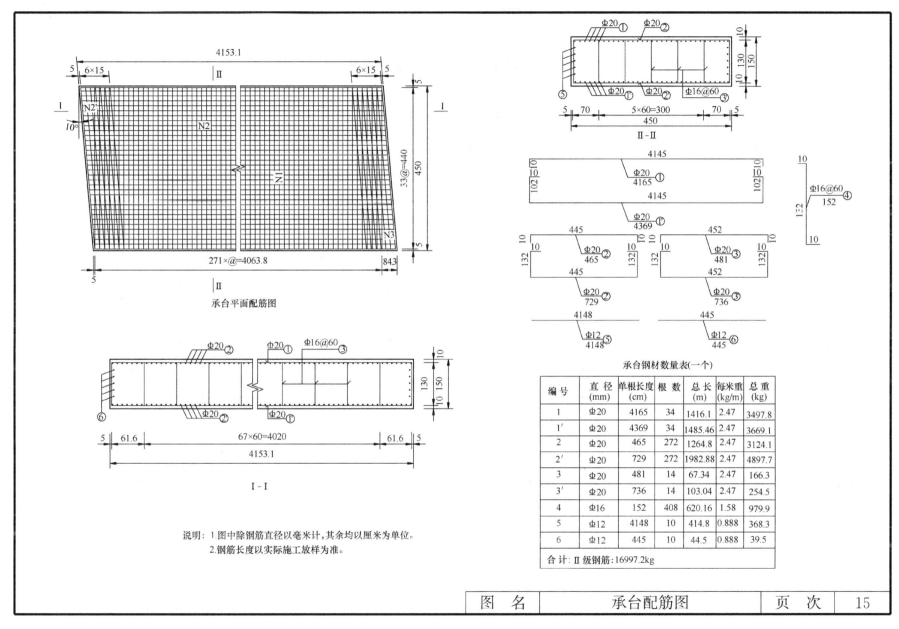

训练九 隧 道

图 纸 目 录

图　名	页次	图　名	页次
隧道施工图设计说明(一)	1	北端明洞设计图	14
隧道施工图设计说明(二)	2	南端明洞设计图	15
隧道施工图设计说明(三)	3	明洞衬砌配筋设计图(一)	16
隧道施工图设计说明(四)	4	明洞衬砌配筋设计图(二)	17
隧道施工图设计说明(五)	5	V级围岩复合衬砌设计图	18
隧道洞口总体平面布置图	6	V级围岩复合衬砌配筋设计图	19
隧道地质纵断面设计图	7	V级围岩初期支护钢支撑设计图(一)	20
建筑界限及内轮廓设计图	8	V级围岩初期支护钢支撑设计图(二)	21
隧道北洞口洞门设计图(一)	9	洞口长管棚设计图	22
隧道北洞口洞门设计图(二)	10	洞口长管棚套拱配筋设计图	23
隧道南洞口洞门设计图(一)	11	超前小导管设计图	24
隧道南洞口洞门设计图(二)	12	隧道路面结构设计图	25
洞门设计大样图	13	隧道防排水设计图	26

隧道施工图设计说明

一、设计依据及设计规范

1. 设计依据

（1）《龙泉市公园南路市政工程初步设计》（中国华西工程设计建设有限公司【2008.07】）；

（2）关于《龙泉市公园南路市政工程初步设计》项目评审会议纪要（龙泉发改局【2008】6号）；

（3）甲方委托设计合同；

（4）工程范围地形图；

（5）《龙泉市公园南路工程地质勘探报告》（浙江省浙南综合工程勘察测绘院【2008】）。

2. 设计规范

（1）《公路工程技术标准》JTG 01—2003；

（2）《城市道路设计规范》CJJ 37—90；

（3）《公路隧道设计规范》JTG D70—2004；

（4）《锚杆喷射混凝土混凝土支护技术规范》GB 50086—2001；

（5）《地下工程防水技术规范》GB 50108—2001；

（6）《建筑设计防火规范》GB 50016—2006；

（7）《建筑灭火器配置设计规范》GB 50140—2005。

二、初步设计批复意见执行情况

1. 初步设计评审提出的意见主要有：

（1）进一步优化明洞设计，尽量减短明洞长度；

（2）解决北段道路坡度较大问题，并做好与北山路交叉口衔接；

（3）适当降低洞口端墙基底承载力要求；路面结构沥青类型改为F型；

（4）不考虑北段人行道的行道树位置。

2. 执行情况：

（1）原明洞设计范围考虑西侧山体坡度较大，若不采取明洞设计或过多缩短明洞长度，改为大开挖施工，则开挖方量较大，放坡范围需放坡至山顶，不仅破坏山体整体效果，而且需采取永久性有效的防滑移和塌方措施，徒增投资费用，综合优化比较后维持原明洞范围不变；

（2）调整道路纵坡，并保证与北山路路口处纵段不大于3.0%；

（3）经验算适当放大端墙基础尺寸以降低基底承载力要求；路面结构沥青类型改为F型。

三、隧道工程设计

1. 净空断面

本隧道为双向两车道隧道，建筑限界净宽12.0m，净高4.5m，经综合分析比较，采用三心圆曲墙式衬砌。隧道内任何设施均不得侵入建筑限界。

2. 洞门及明洞衬砌设计

结合本隧道进出口实际地形、地质情况，隧道进出口采用端墙式洞门，明洞顶采用植草绿化防护，周围边坡采用植草绿化防护（1:1.5）及TBS植草防护（1:0.75）。在隧道洞口施工过程中应注意从

| 图 名 | 隧道施工图设计说明（一） | 页 次 | 1 |

上到下，边开挖边防护，严禁放大炮，以防对边坡的深层产生松动破坏。

考虑尽量减少对山体的开挖，桩号0+160—0+220段采用明洞形式，要求明洞初砌在洞口开挖完成后应尽快实施作业，在达到设计强度后及时回填。明洞衬砌采用70cm厚C30钢筋混凝土结构，在填土横坡小于20%时，填土厚度不大于3.0m。其作用是既利于稳坡、进行植树绿化，又对可能的落石起撞击缓冲作用。

明洞基础要求地基承载能力大于300kPa，如果达不到上述要求应考虑适当加固边墙基础。只有在施作明洞仰拱（达到设计强度）后才能进行两侧及拱部土体回填。

3. 衬砌设计

根据隧道埋深及围岩类别的不同，本隧道共设计了两种衬砌形式：

（1）明洞衬砌：采用明挖，搭设支架现浇钢筋混凝土拱券作业；

明洞衬砌用于进出口明挖段，采用C30钢筋混凝土结构。在进行结构计算时，设计荷载考虑回填土荷载、结构自重及施工荷载，仰拱及采用浆砌片石回填的边墙部分考虑地基弹性抗力。在进行明洞施工过程中，应严格按图施工，边墙部浆砌片石回填密实，顶部回填土应对称回填，不容许超过设计回填厚度及设计回填土横坡，以保证结构工作条件与结构设计模式的吻合。当发现地质条件与设计值相差太大时应及时反映，以便作出合理的处理对策。

（2）浅埋段隧道衬砌：针对Ⅴ级围岩采用复合衬砌，即通常所采用的新奥法（NATM）。

复合式衬砌参数是首先根据围岩类别、工程地质水文地质条件、地形及埋置深度、结构跨度及施工方法等以工程类比拟定，然后应用有限元综合程序对施工过程进行模拟分析，定性的掌握围岩及结构的应力发展与变形破坏过程，进一步调整支护参数，最后采用荷载-结构-弹性抗力计算模式。为了与结构设计模式相适应，要求二次衬砌采用先墙后拱法施工，现场模筑。

初期支护：由工字钢拱架，径向锚杆，钢筋网及喷射混凝土组成。

工字钢拱架具有刚度大，发挥作用快的特点，这一点对于岩体自稳能力差，跨度大的隧道特别重要。每榀工字钢钢拱架之间用φ22的钢筋连接，并与径向锚杆及钢筋网焊为一体，与围岩密贴，形成承载结构，必要时加焊型钢结构。应该注意的是当地应力较大，围岩自稳性很差，加之开挖过程中地应力的释放，从而导致周边位移量加大，故初期支护应在环向设置伸缩缝，以控制作用在初期支护之上的变形荷载。

二次衬砌：由于岩体风化严重、节理发育、自稳能力差，洞室开挖跨度较大，二次衬砌按承担上部土压力覆土荷载计算需采用C30钢筋混凝土结构，二次衬砌要求紧跟开挖面。在施工过程中仍必须密切的及时的注意初期支护的变形与稳定监测，根据监测数据合理确定二次衬砌的作业时间，尽可能发挥初期支护的承载能力。

复合衬砌支护参数表

围岩类别	初期支护				二次衬砌	辅助施工
	锚杆	钢筋网	喷射混凝土	钢拱架		
Ⅴ级围岩浅埋	R32N自钻式注浆锚杆 L=4m	双层φ8钢筋网 20×20cm	C20喷射混凝土厚28cm	20a工字钢间距75cm	拱部70cm 仰拱70cm	超前小导管

4. 辅助施工设计

隧道采用的辅助施工措施主要有如下几项：超前长管棚、超前小导管。

（1）超前长管棚：设置于隧道进出口。管棚钢管均采用φ108×6mm热轧无缝钢管，环向间距50cm，接头用长15cm的丝扣直接对口连接。钢管设置于衬砌拱部，管心与衬砌设计外轮廓线间距大于30cm，平行路面中线布置。要求钢管偏离设计位置的施工误差不大于20cm，沿隧道纵向同一横断面内接头数不大于50%，相邻钢管接头数至少须错开1.0m。为增强钢管的刚度，注浆完成后管内应以30号水泥砂浆填充。为了保证钻孔方向，在明洞衬砌外设60cm厚C25钢架

图 名	隧道施工图设计说明（二）	页 次	2

混凝土套拱,套拱纵向长2.0m。考虑钻进中的下垂,钻孔方向应较钢管设计方向上偏1°。钻孔位置,方向均应用测量仪器测定。在钻进过程中也必须用测斜仪测定钢管偏斜度,发现偏斜有可能超限,应及时纠正,以免影响开挖和支护。

(2) 超前小导管:设置在隧道无长管棚支护的Ⅴ级围岩地段,采用外径42mm,壁厚3.5mm,长350cm的热扎无缝钢管,在钢管距尾端1m范围外钻ϕ6mm压浆孔,钢管环向间距约40cm,外插角控制在10°～15°左右,尾端支撑于钢架上,也可焊接于系统锚杆的尾端,每排小导管纵向至少需搭接1.0m。

5. 结构计算

根据本隧道结构设计的实际情况,对Ⅴ级围岩复合衬砌,按照荷载-结构-弹性抗力模式进行内力分析与强度校核。

围岩压力的性质、大小和分布对隧道衬砌的结构设计影响很大,同时对施工方式的选择也很重要。对于Ⅴ级围岩当隧道埋深小于12m时因埋深较小,为安全考虑,忽略滑动面上的阻力,按上覆土柱的全部重力计算荷载。当埋深为12～30m时按浅埋隧道破裂面理论计算覆土荷载。

对于Ⅴ级围岩的复合式衬砌结构设计和施工是按照新奥法原理,在设计上充分利用围岩的自身承载能力,将初期支护与围岩紧密结合在一起,最大限度地利用和发挥围岩的自身承载能力和自稳能力,把支护作为加固和稳定围岩的手段。衬砌分两次完成,利用锚杆、喷射混凝土、钢拱架、钢筋网作为初期支护手段,与围岩共同组成复合的承载结构以控制围岩的变形和松弛。在完成初期支护后,围岩的变形基本受到控制。二次衬砌采用钢筋混凝土结构,以满足结构的使用要求和结构上的安全储备。

6. 隧道防排水设计

隧道防排水遵循"以排为主,防排结合,因地制宜,综合治理"的原则,隧道的渗漏水现象比较常见,如处理不当,不仅影响施工和日后的通行,还会缩短使用年限,如果维修,费用昂贵。故本次设计对排水问题给予足够的重视,力争隧道建成后达到洞内基本干燥的要求,保证结构和设备的正常使用和行车安全。

(1) 防水措施:在初期支护与二次衬砌之间敷设一层EVA/ECB共济复合土工布防水板,作为第一道防水措施;拱部及边墙二次衬砌采用不低于S10的防水混凝土,作为第二道防水措施。

防水板敷设应从边墙下部设置引水管处至拱部到中墙顶部连续布置,全隧道满铺。可用钢钉或其他方法固定,固定处应补强。施工时要注意保护防水板的完整性。

二次衬砌变形缝、纵向施工缝均用中埋式橡胶止水带止水,环向施工缝、用带注浆管橡胶膨胀止水条止水。

(2) 隧道衬砌排水:在衬砌两边墙墙脚外侧纵向设置ϕ100软式弹簧透水管(纵向盲沟);衬砌背后环向设置ϕ100软式弹簧透水盲沟或无纺布盲沟(环向盲沟);在纵向排水管与洞内纵向排水边沟之间设置DN50横向硬塑管;洞内清洗水通过铸铁箅子排入纵向排水边沟再排出洞外。纵向盲沟全隧贯通;环向盲沟在有集中水流处设置,并下伸至边墙脚与纵向盲沟相连,衬砌背后地下水从环向盲沟、无纺布汇集至纵向盲沟后,通过横向排水管将地下水引入两侧纵向排水边沟,排出洞外。

7. 监控量测设计

由于岩土工程的复杂性和特殊性,隧道承载的岩体应力随机性很大,尤其在地质变异区更为明显,故隧道的设计除进行必要的理论分析外,尚需根据以往的经验和开挖过程中地质情况的变化,不断地进行设计调整修正。故在隧道施工过程中一般需要根据施工过程中洞内外地质调查、洞内观察、现场监控量测及岩土物理力学实验等施工反馈信息,进一步分析确定围岩的物理力学参数,以最终确定和修改隧道施工方法和支护方式。本隧道支护结构应用新奥法原理采用复合衬砌,要求施工单位在施工过程中必须进行现场监控量测,及时掌握围

| 图 名 | 隧道施工图设计说明(三) | 页 次 | 3 |

岩在开挖过程中的动态和支护结构的稳定状态，提供有关隧道施工的全面、系统信息资料，以便及时调整支护参数，通过对量测数据的分析和判断，对围岩-支护体系的稳定状态进行监控和预测，并据此制定相应的施工措施，以确保洞室周边岩体的稳定以及支护结构的安全。

根据本隧道的实际情况，在施工过程中必须进行的监控量测项目有洞口浅埋地段地表下沉观测、洞室周边位移变形监控量测以及日常观察与施工调查。

在Ⅴ级围岩地段，当隧道埋置深度小于30m时属于浅埋隧道，在这种情况下必须按要求进行地表变形观测，观测断面纵向间距约20～30米，每端洞口至少设置一个观测断面。在观测前注意仪器校正、观测点及基点的设置工作，在观测过程中注意作好数据的整理和分析工作，为下部洞室施工提供咨询意见。

在进行洞室开挖施工过程中，必须进行洞室周边位移变形监控量测，每次爆破施工后应进行掌子面地质及支护状态的观察。洞室周边位移量测断面在Ⅴ级围岩地段纵向间距10～15m左右应设置一处。

在施工过程中，可以根据隧道地质特点和结构形式，结合现场管理各方的研究需要，选择一些特殊监控量测项目对隧道进行深入研究，如：围岩内部位移量测、锚杆内力量测、钢支撑内力量测、喷射混凝土应力量测以及二次衬砌应力量测等等。由于这些监控量测项目技术含量高，初始投入大，进行时间长，其目的主要是对隧道施工方法和设计参数作更深入的研究，为后续工程设计与施工的进一步优化提供参考意见，且一般要求多方面合作才行，因此，尽管设计上提供了比较完善的内容和方法，但是对其实施与否不作强制性要求，建议建设方选择有代表性的地质地段和代表性衬砌类型设立选测项目，进行隧道设计施工方面的技术研究，以提高本项目的技术水平。

  8.隧道施工
  (1)施工方法

明洞及洞口段：在进行洞口段开挖施工前必须施作好洞顶截水沟，防止地表水体渗入开挖面影响明洞边坡和成洞面的稳定；在进行挖过程中，边坡防护必须与边坡开挖同步进行，开挖到成洞面附近时要求预留核心土体，待洞口长管棚施工完成后再开挖进洞。洞口地质较差，应尽量避开雨季施工，明洞衬砌完成后应及时回填。

浅埋段：隧道施工应遵循早进洞、晚出洞的原则，步步为营，稳步施工，开挖要求拱部采用光面爆破，边墙部采用预裂爆破，以最大限度地保护周边岩体的完整性，同时减少超挖量，提高初期支护的承载能力。在Ⅴ级围岩地段要求采用超短台阶法施工，台阶长度控制在5～10m，保证初期支护及时落底封闭，以确保初期支护的承载能力。由于二次衬砌是按主要的承载结构设计，因此二次衬砌应紧跟开挖面；在初期支护落底后应及时施作二次衬砌仰拱和仰拱回填层，然后施作二次衬砌。

根据结构受力要求，沿隧道纵向在地质变化处以及衬砌类型变化处应设置沉降缝，边墙、拱部及仰拱均应断开。

  (2)施工注意事项

1)洞口施工应注意边坡修整圆顺，铺砌整齐。洞门应严格按照设计要求施工，以达到设计效果。

2)对于洞口及Ⅴ级围岩浅埋地段应尽快及时施作二次衬砌，二次衬砌施作时间严格紧跟初期支护，以保证初期支护安全，发挥二次衬砌的承载能力。

3)复合衬砌施工应认真执行新奥法原则，拱部采用光面爆破，严格控制爆破孔位置和炸药用量，边墙采用预裂爆破，加强监测，尽量减少施工过程中对围岩的扰动，尽量发挥围岩的自身承载能力。当发现初期支护承载能力不够时，除应及时加强初期支护外，也可修改二次衬砌支护参数后提前施作二次衬砌。

| 图 名 | 隧道施工图设计说明（四） | 页 次 | 4 |

4）施工中应注意钢拱架及钢筋网与围岩的密贴，二次衬砌施作完成后应检查其背后与喷射混凝土层之间的空隙。一旦发现，应及时回填。

5）铺设防水卷材前应裁除出露的锚杆端部，修整喷射混凝土表面过大的凹凸不平处，以防刺破防水卷材，铺设过程中应注意防水卷材搭接良好。

6）隧道施工要重视保护生态环境，实行文明施工，提高机械化水平，尽量减少对隧道附近环境的破坏。

9. 建筑材料

(1) 明洞衬砌采用 C30 钢筋混凝土，复合式衬砌初期支护采用 C20 喷射混凝土，二次衬砌采用 C30 钢筋混凝土，仰拱回填采用 C15 毛石混凝土。

(2) 直径 $D<12mm$ 的钢筋采用 I 级钢筋，直径 $D\geq12mm$ 的钢筋及锚杆采用 II 级钢筋；钢拱架采用 20a 工字钢；超前长管棚采用热扎无缝钢管。

(3) V 级围岩衬砌段采用 R32N 自钻式中空注浆锚杆。

(4) 复合防水层采用 1mm 厚 EVA/ECB 共济防窜流防水板表面复合一层 $300g/m^2$ 的无纺布。衬砌混凝土拱部、边墙及基础要求添加 RH-5 复合式防水剂。

10. 隧道消防

隧道内消防系统由化学灭火器、消火栓、给水栓和消防供水干管组成。

(1) 防火分区的划分

从隧道结构考虑，隧道内设置的灭火器均可直线到达火灾地点，此时使用手提式灭火器的最大行动距离应为 25m，在考虑到消火栓的水带长度一般为 25m，因此防火分区定为 50m。

(2) 灭火器的设置

隧道内火灾一般以油类火灾为主，选用 MF 型干粉灭火器，每个分区内应配置 3 个 MF8 型 8kg 干粉灭火器。灭火器与消火栓同设一个洞室，洞室设置间距 50m，单侧交错布置。

(3) 消火栓的设置

每个防火分区设一个消火栓，消火栓洞室交错布置，间距 50m，与灭火器洞室对向排列。消火栓洞室内设 SN65 型消火栓 1 个、DN65 水龙带 25m 两根，QZG19 型水枪 2 个。这可确保在防火分区内的一个火灾点，至少有两个水枪可同时灭火。为加强扑灭油类火灾的能力，洞室内还设置环保型水成膜泡沫（低泡）灭火装置 1 套，泡沫浓度为 3%，装置喷射时间大于 30min。

装置包括：30L 泡沫液罐、比例混合器、25m 软管卷盘、泡沫喷枪等，当装置内泡沫液用完后，喷枪可继续喷水灭火。软管卷盘适于没有经过消防专门训练人员（如驾驶员）使用，水龙带适于专业消防队员使用。

(4) 给水栓的设置

给水栓设置在隧道洞口外，供消防车取水之用，以便配合专业消防队扑救较大的火灾。

(5) 消防干管的设置

隧道内干管采用 DN150 无缝钢管。消防干管连接各消火栓，为消火栓供水，当消火栓出口压力超过 0.5MPa 时应设置减压孔板。

11. 隧道照明

根据《公路隧道设计规范》JTG D70—2004 规定：

照明设计路面亮度总均匀度（U0）应不低于 0.4，路面亮度纵向均匀度应不低于 0.6~0.7。

隧道施工应注意照明预埋件的实施，本次设计对隧道内照明进行设计，变电箱及控制箱等应由路灯部门结合洞外道路路灯再行确定。

12. 隧道通风

本隧道采用自然通风。

| 图 名 | 隧道施工图设计说明（五） | 页 次 | 5 |

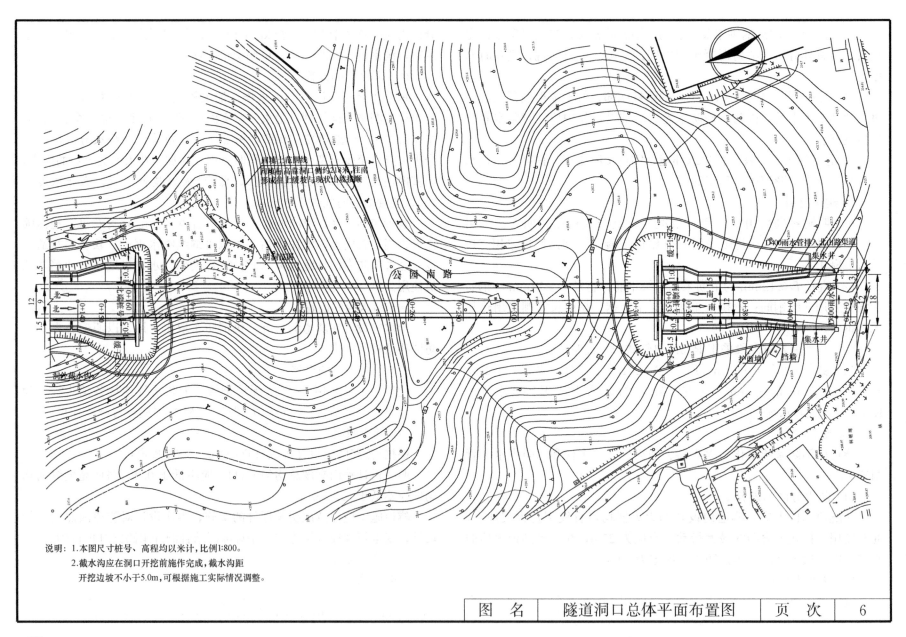

说明：1. 本图尺寸桩号、高程均以米计，比例1:800。
2. 截水沟应在洞口开挖前施作完成，截水沟距开挖边坡不小于5.0m，可根据施工实际情况调整。

| 图 名 | 隧道洞口总体平面布置图 | 页 次 | 6 |

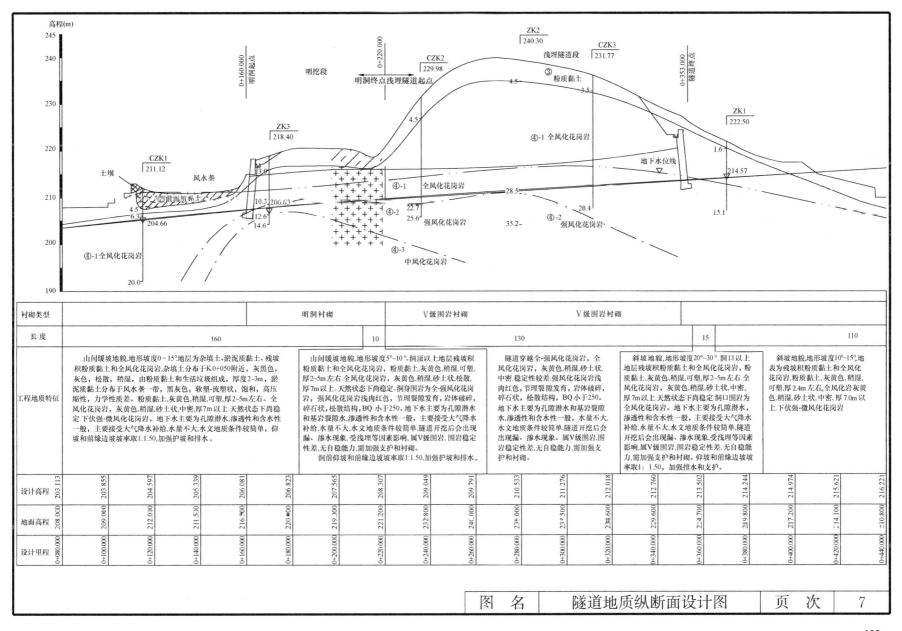

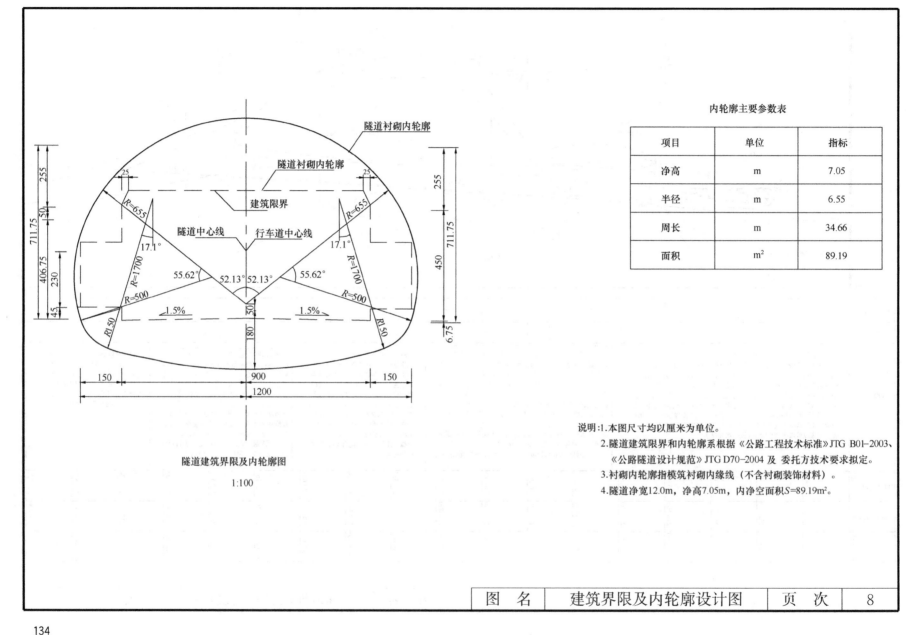

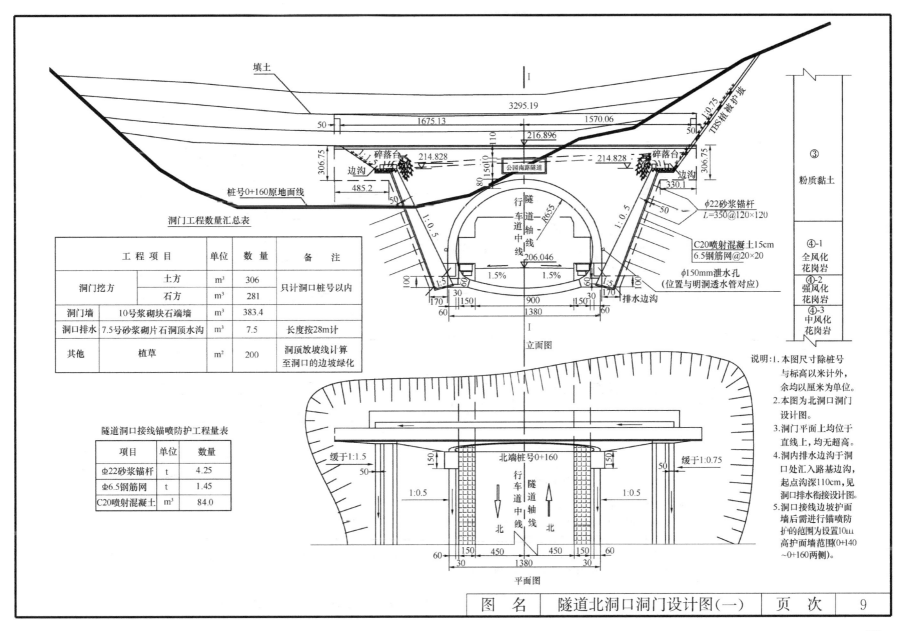

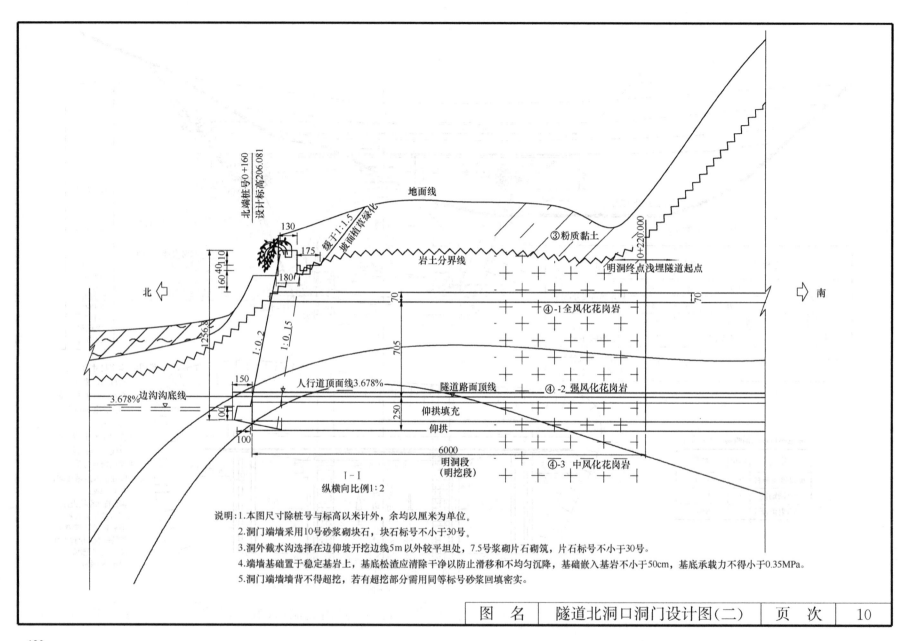

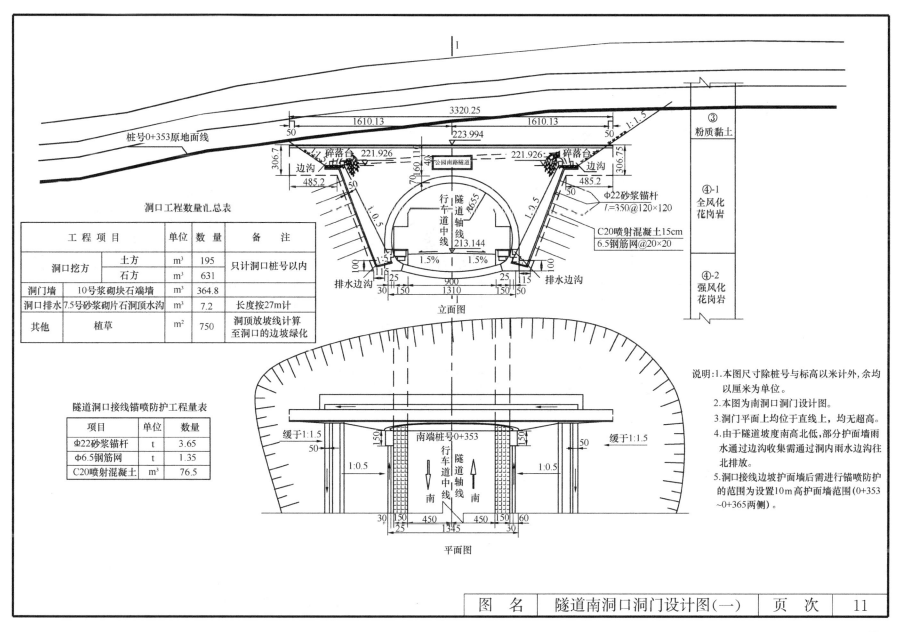

| 图名 | 隧道南洞口洞门设计图(一) | 页次 | 11 |

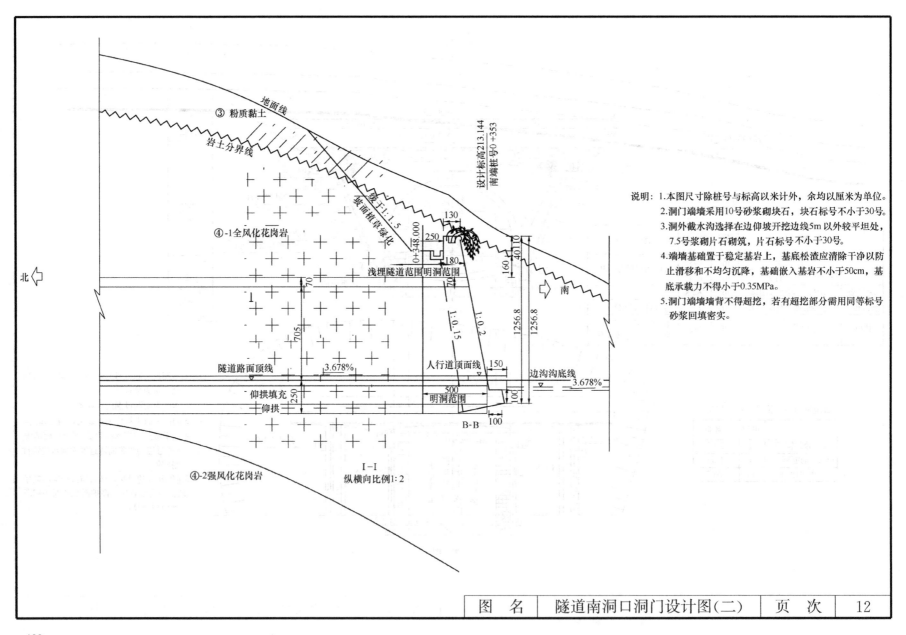

图名：隧道南洞口洞门设计图（二）　页次：12

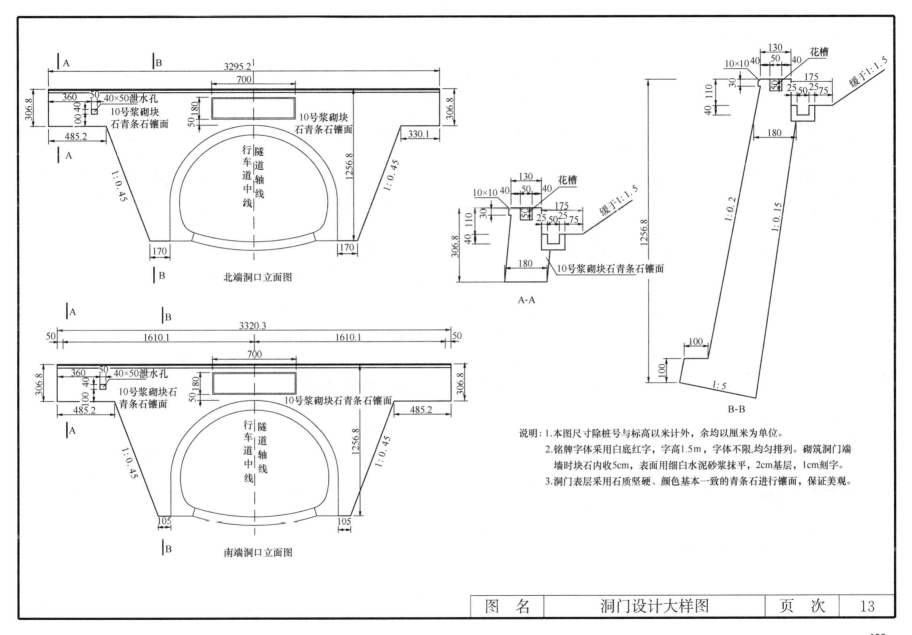

说明：1．本图尺寸除桩号与标高以米计外，余均以厘米为单位。
2．铭牌字体采用白底红字，字高1.5m，字体不限，均匀排列。砌筑洞门端墙时块石内收5cm，表面用细白水泥砂浆抹平，2cm基层，1cm刻字。
3．洞门表层采用石质坚硬、颜色基本一致的青条石进行镶面，保证美观。

| 图 名 | 洞门设计大样图 | 页次 | 13 |

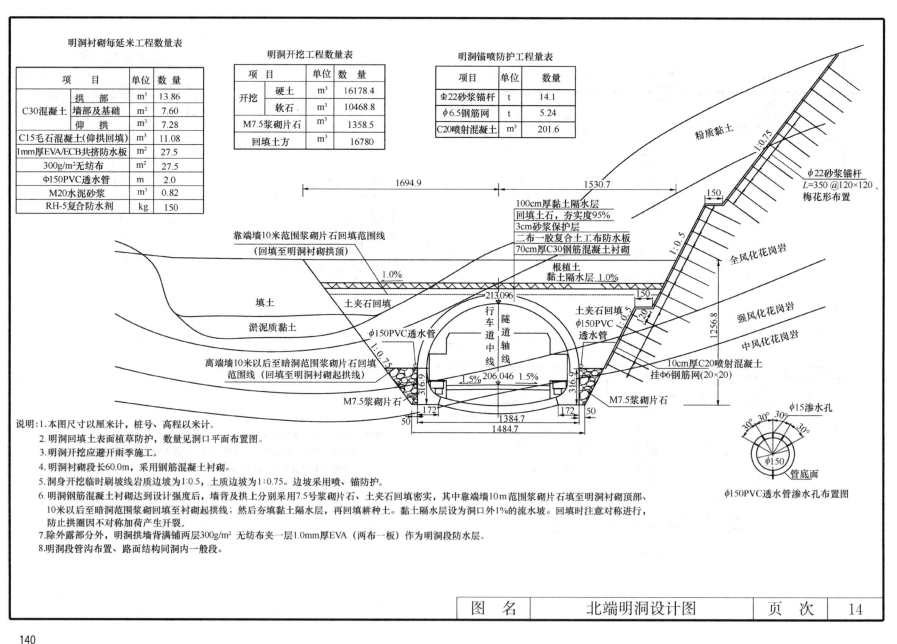

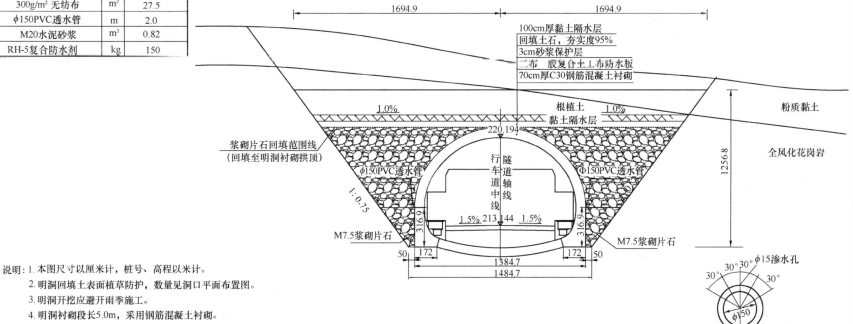

明洞衬砌每延米工程数量表

项 目		单位	数 量
C30混凝土	拱部	m³	13.86
	墙部及基础	m³	7.6
	仰 拱	m³	7.28
C15毛石混凝土（仰拱回填）		m³	11.08
1mm厚EVA/ECB共挤防水板		m²	27.5
300g/m² 无纺布		m²	27.5
ϕ150PVC透水管		m	2.0
M20水泥砂浆		m³	0.82
RH-5复合防水剂		kg	150

明洞开挖工程数量表

项 目		单位	数 量
开挖	硬土	m³	440
	软石	m³	1215
M7.5浆砌片石		m³	244.8
回填土方		m³	108.5

说明：1. 本图尺寸以厘米计，桩号、高程以米计。
2. 明洞回填土表面植草防护，数量见洞口平面布置图。
3. 明洞开挖应避开雨季施工。
4. 明洞衬砌段长5.0m，采用钢筋混凝土衬砌。
5. 洞身开挖临时刷坡线边坡为1:0.75。
6. 明洞钢筋混凝土衬砌达到设计强度后，墙背及拱上分别采用7.5号浆砌片石、土夹石回填密实。然后夯填黏土隔水层，再回填耕种土。黏土隔水层设为洞口外1%的流水坡。回填时注意对称进行，防止拱圈因不对称加荷产生开裂。
7. 除外露部分外，明洞拱墙背满铺两层300g/m² 无纺布夹一层 1.0mm厚EVA（两布一板）作为明洞段防水层。
8. 明洞段管沟布置、路面结构同洞内一般段。

图 名	南端明洞设计图	页 次	15

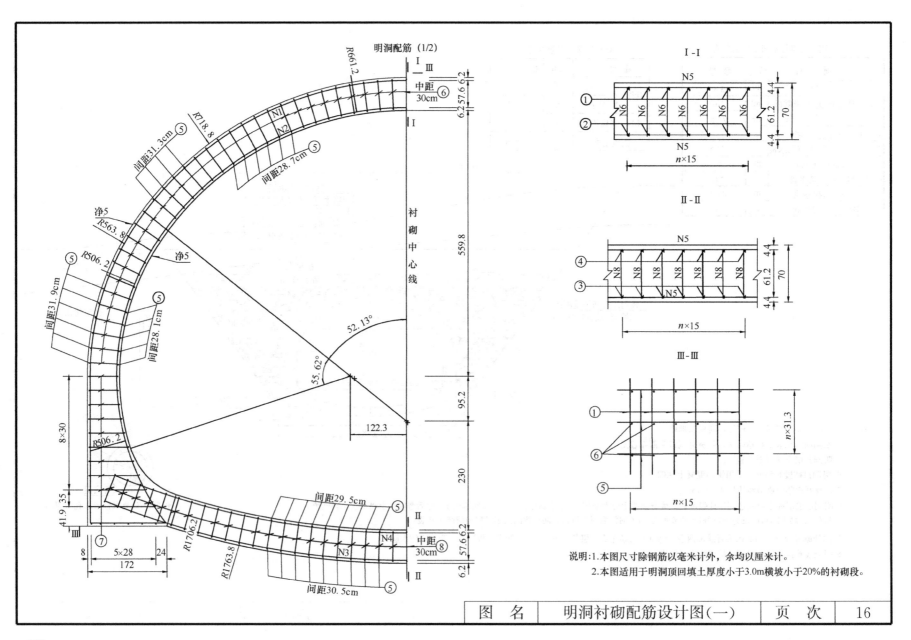

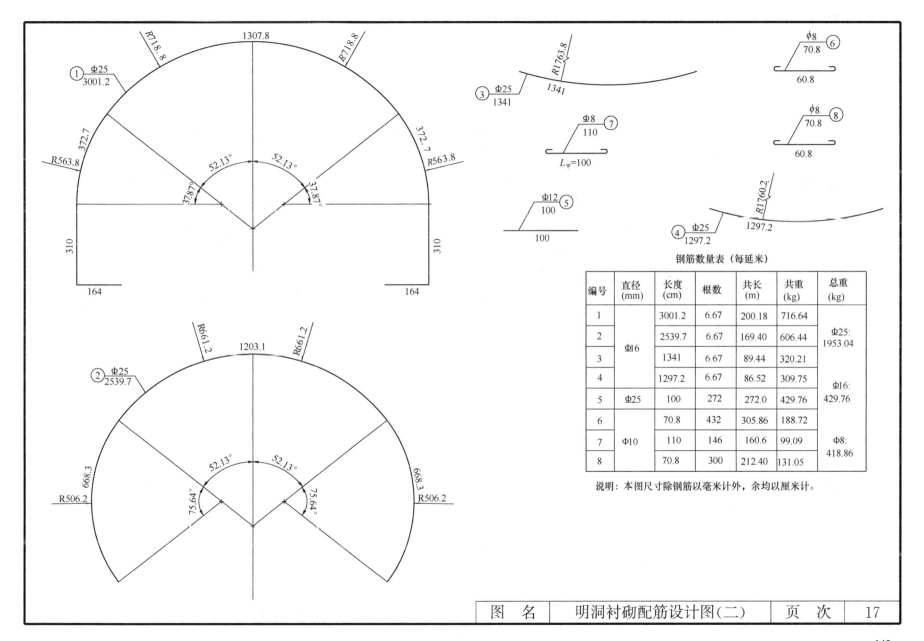

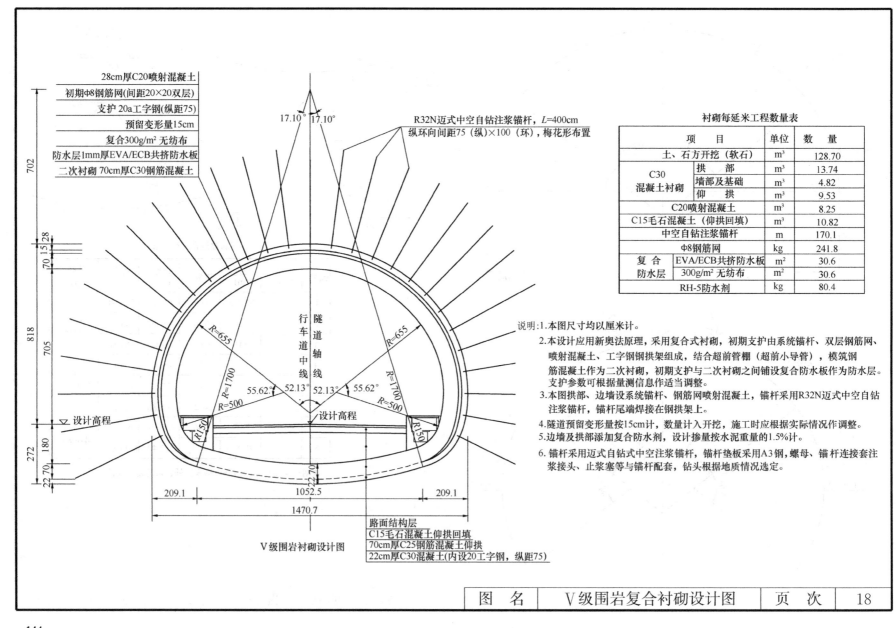

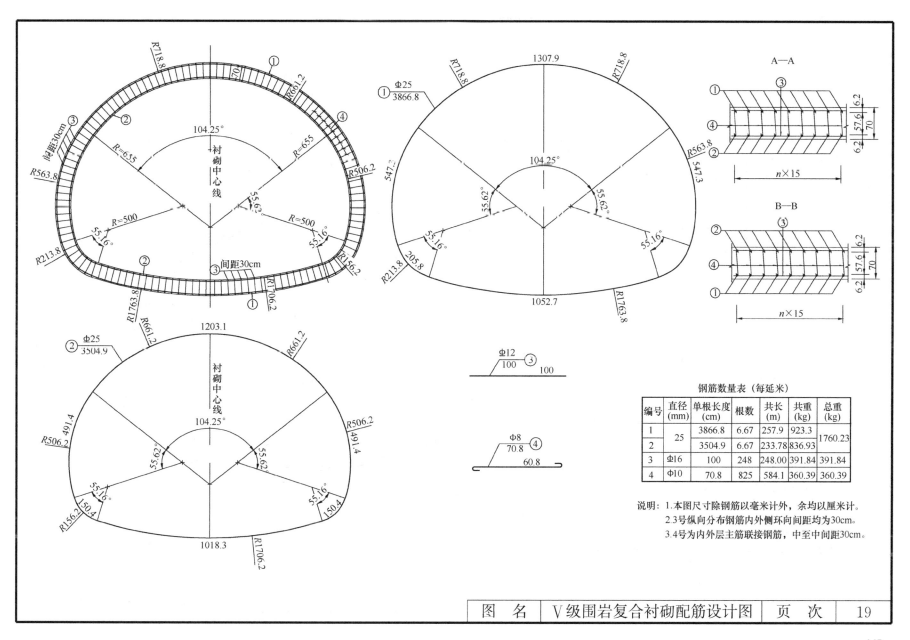

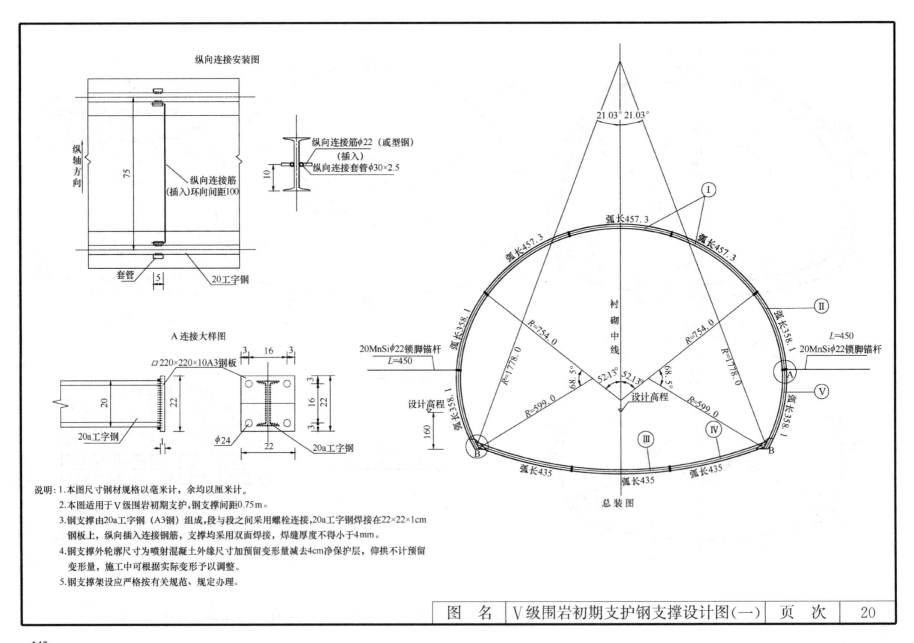

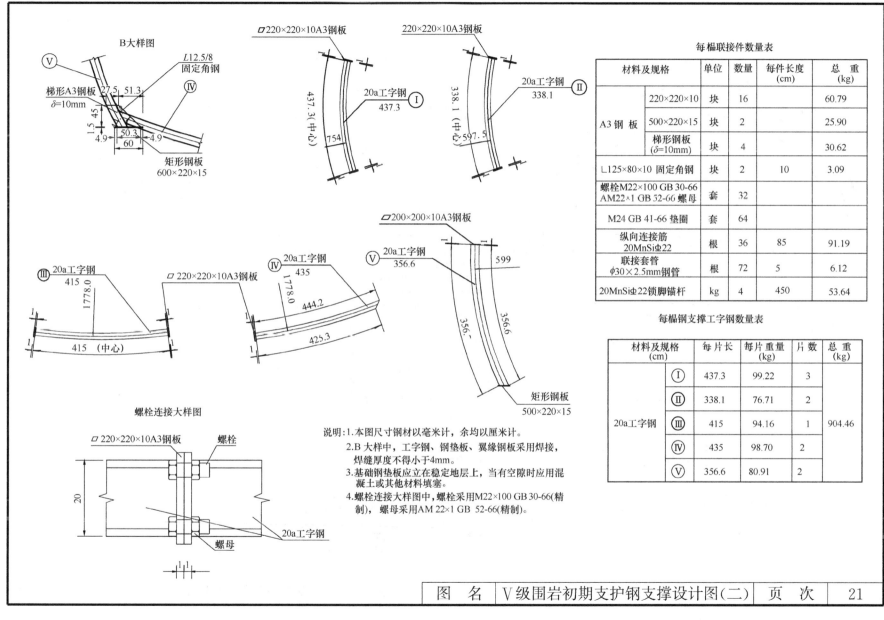

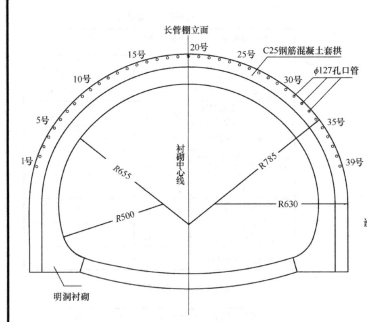

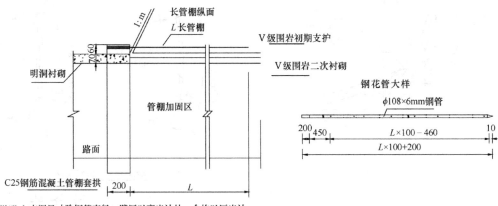

说明：1. 本图尺寸除钢管直径、壁厚以毫米计外，余均以厘米计。
2. 长管棚设计参数：
   (1) 钢管规格：热轧无缝钢管ϕ108mm，壁厚6mm，节长3m或6m。
   (2) 管距：环向间距50cm。
   (3) 倾角：仰角1°（不包括路线纵坡），方向：与路线中线平行。
   (4) 钢管施工误差：径向不大于20cm。
   (5) 隧道纵向同一横断面内的接头数不大于50%，相邻钢管的接头至少须错开1m。
3. 长管棚施工：
   (1) 配备电动钻机，钻进并顶进长管棚钢管。
   (2) 本设计采用C25钢筋混凝土套拱作长管棚导向墙，套拱在明洞外轮廓线以外施作。
   (3) 管棚应按设计位置施工，应先打有孔钢花管，注浆后再打无孔钢管，无孔钢管可以作为检查管，检查注浆质量。
   钻机立轴方向必须准确控制，以保证孔口的孔向正确，每钻完一孔便顶进一根钢管，钻进中应经常采用测斜仪量测钢管钻进的偏斜度，发现偏斜超过设计要求，及时纠正。
   (4) 钢管接头采用丝扣连接，丝扣长15cm。为使钢管接头错开，编号为奇数的第一节管采用3m钢管，编号为偶数的第一节钢管采用6m钢管，以后每节均采用6m长钢管。
4. 长管棚注浆按固结管棚周围有限范围内土体设计，浆液扩散半径不小于0.5m。注浆采用分段注浆。
   (1) 注浆机械：注浆泵2台。
   (2) 灌注浆液：纯水泥（添加水泥重量5%的水玻璃）浆液。
   (3) 注浆参数：水泥浆水灰比1:1
       水玻璃浓度 35波美度 水玻璃模数2.4
       注浆压力 初压0.5~1.0MPa 终压2.0MPa
   (4) 注浆前应先进行注浆现场试验，注浆参数应通过现场试验按实际情况确定，以利施工。
   (5) 注浆结束后及时清除管内浆液，并用M30水泥砂浆紧密充填，增强管棚的刚度和强度。
5. 完成长管棚注浆施工后，在管棚支护环的保护下，按设计的施工步骤进行掘进开挖。

长管棚主要工程数量表

材 料		单位	$L=28m$
长管棚	ϕ108×6mm 有孔钢花管	kg	9095.153
	ϕ108×6mm 无孔钢管	kg	8560.144
	丝扣ϕ108×6mm钢管	kg	529.655
钻 孔		m	1170
扫 孔		m	2340
M30水泥砂浆（长管棚充填）		m³	10.518
长管棚注浆	425号水泥	t	38.764
	水玻璃（35波美度）	t	1.89

图 名	洞口长管棚设计图	页 次	22

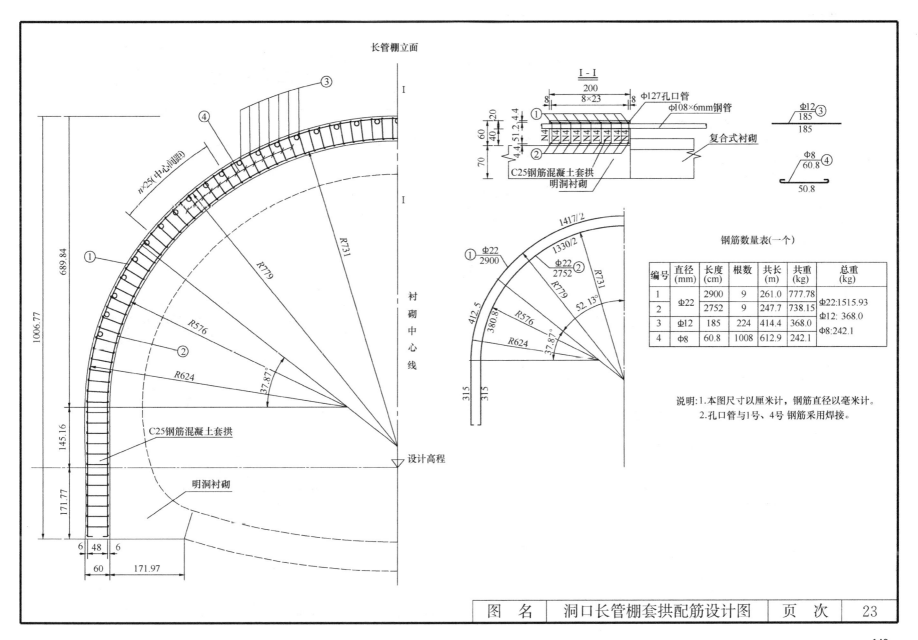

| 图 名 | 洞口长管棚套拱配筋设计图 | 页 次 | 23 |

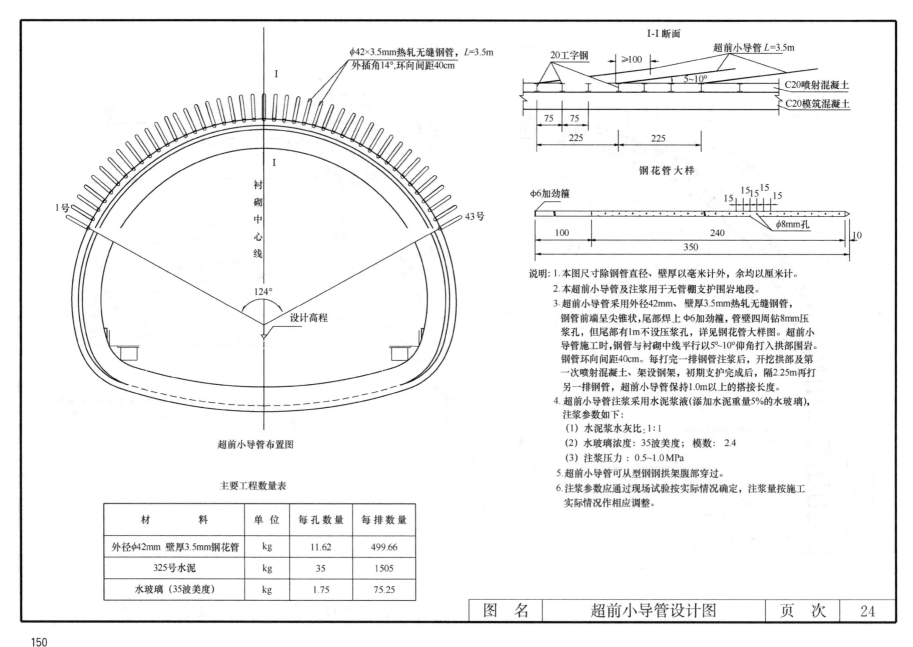

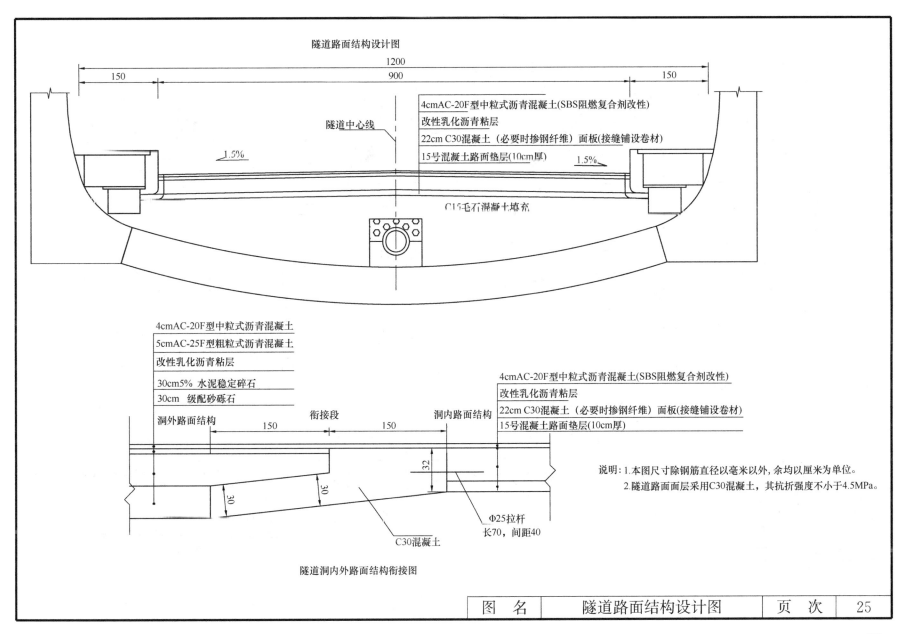

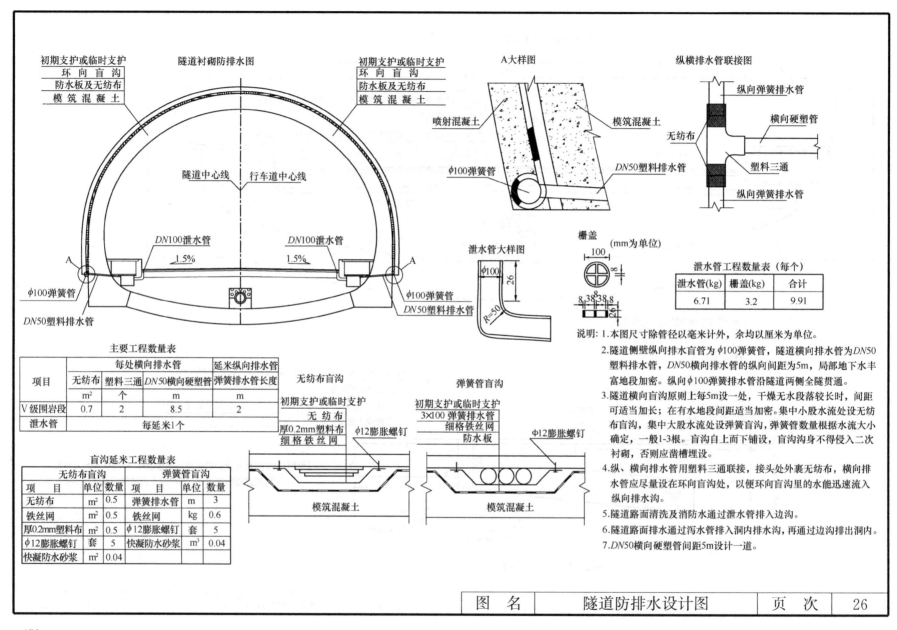

训练十 路　　灯

图　纸　目　录

图　名	页次
路灯施工图设计说明	1
照明系统图(一)	2
照明系统图(二)	3
电缆手井结构图	4
路灯基础图及检查井结构图	5
路灯平面图(一)	6
路灯平面图(二)	7
路灯平面图(三)	8

路灯施工图设计说明

1. 本工程为××××××北六路的照明工程。

2. 本工程设计以《城市道路照明设计标准》GJJ 45—91 为依据，道路平均照度大于15lx。

3. 工程施工中路灯基础的位置，在施工时，根据实际情况可作适当左右移动。

4. 北六路共设置路灯 96 套（高 14m，采用四光源，每光源为 250W），本工程中共设控制箱 4 只，控制箱的进线电源由就近接入，控制箱采用不锈钢外壳，防护等级为 IP65。

5. 电缆采用直埋方式，埋深为 0.7m，电缆过马路采用穿预埋钢管（详见平面图）。控制箱为落地式安装，控制箱安装于长宽高为 550×350×500 的水泥基础墩子上。

6. 控制箱 LDX1 进线处应设重复接地（接地极采用镀锌角钢∠50×5×2500，埋入地下 2.5m 深，每个路灯基础设一个接地极），所有灯杆外壳均应与接地装置连接，接地电阻应小于 4Ω，当接地电阻不能满足要求时，应增加接地极，本工程接地保护采用 TN-C-S 方式。

7. 各路灯控制回路均采用智能型路灯控制器（KD-I）控制（设于各控制箱内）。

8. 本工程的施工及验收参照《电气装置安装工程施工及验收规程》执行。

主要设备材料表

序号	图例	名称	型号	安装方式	单位	数量	备注
1	■	路灯控制箱一	QDB12-700	室外落地安装（设水泥基础）	只	1	
		节电器	BS-3-50-L	室外落地安装（设水泥基础）	只	1	
	✕	四叉路灯	NBZ-19（4×250）	水泥基础安装	套	27	
	■	手孔井	砖砌（600×600）		只	2	
		电缆	YJV22-4×35+1×16	穿管埋地暗敷	米	按实	
			YJV22-4×25+1×16	穿管埋地暗敷	米	按实	
			G80		米	按实	
2	■	路灯控制箱二	QDB12-700	室外落地安装（设水泥基础）	只	1	
		节电器	BS-3-50-L	室外落地安装（设水泥基础）	只	1	
	✕	四叉路灯	NBZ-19（4×250）	水泥基础安装	套	19	
	■	手孔井	砖砌（600×600）		只	2	
		电缆	YJV22-4×35+1×16	穿管埋地暗敷	米	按实	
			YJV22-4×25+1×16	穿管埋地暗敷	米	按实	
			G80		米	按实	
3	■	路灯控制箱三	QDB12-700	室外落地安装（设水泥基础）	只	1	
		节电器	BS-3-50-L	室外落地安装（设水泥基础）	只	1	
	✕	四叉路灯	NBZ-19（4×250）	水泥基础安装	套	18	
	■	手孔井	砖砌（600×600）		只	2	
		电缆	YJV22-4×35+1×16	穿管埋地暗敷	米	按实	
			YJV22-4×25+1×16	穿管埋地暗敷	米	按实	
			G80		米	按实	
4	■	路灯控制箱四	QDB12-700	室外落地安装（设水泥基础）	只	1	
		节电器	BS-3-50-L	室外落地安装（设水泥基础）	只	1	
	✕	四叉路灯	NBZ-19（4×250）	水泥基础安装	套	31	
	■	手孔井	砖砌（600×600）		只	4	
		电缆	YJV22-4×35+1×16	穿管埋地暗敷	米	按实	
			YJV22-4×25+1×16	穿管埋地暗敷	米	按实	
			G80		米	按实	

图 名	路灯施工图设计说明	页 次	1

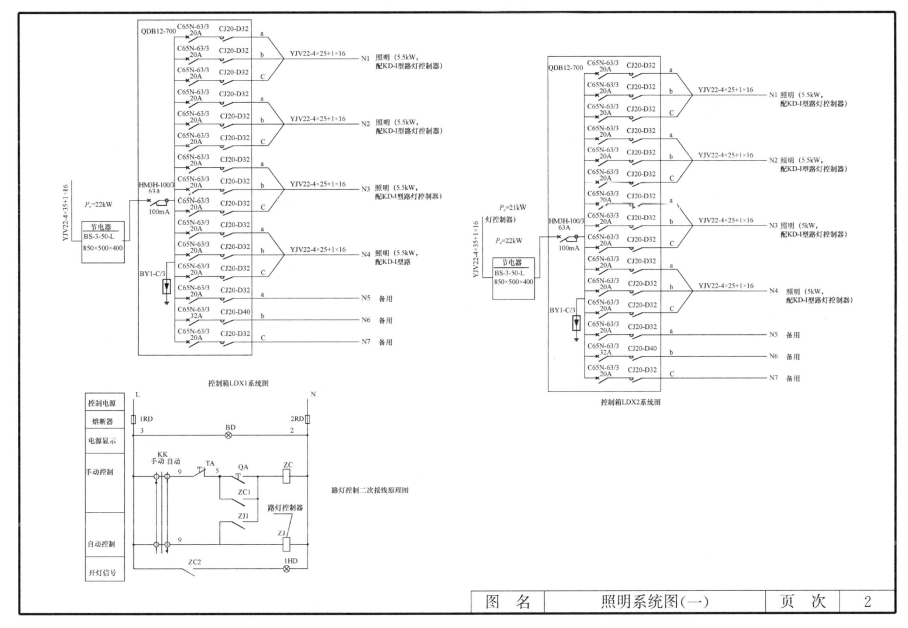

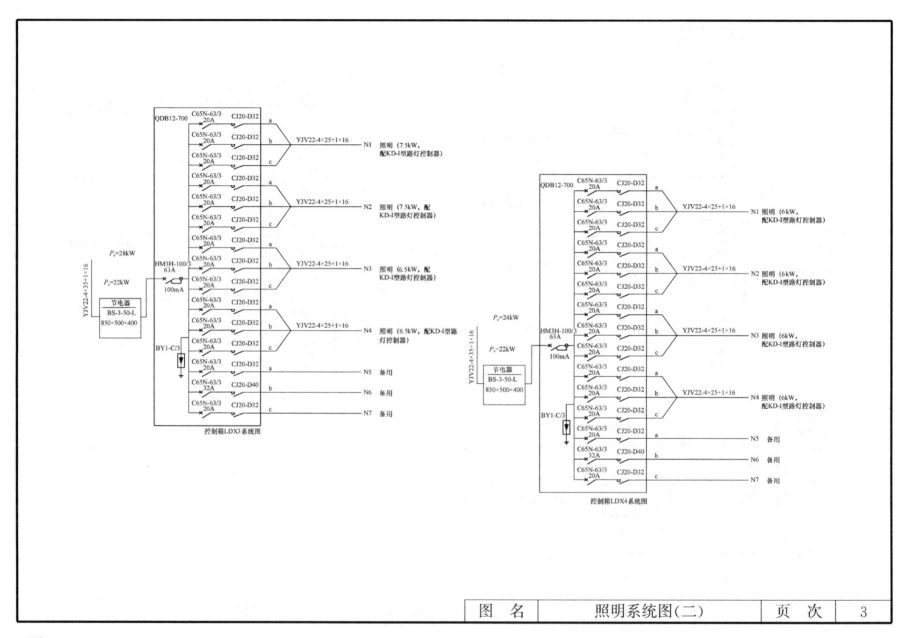

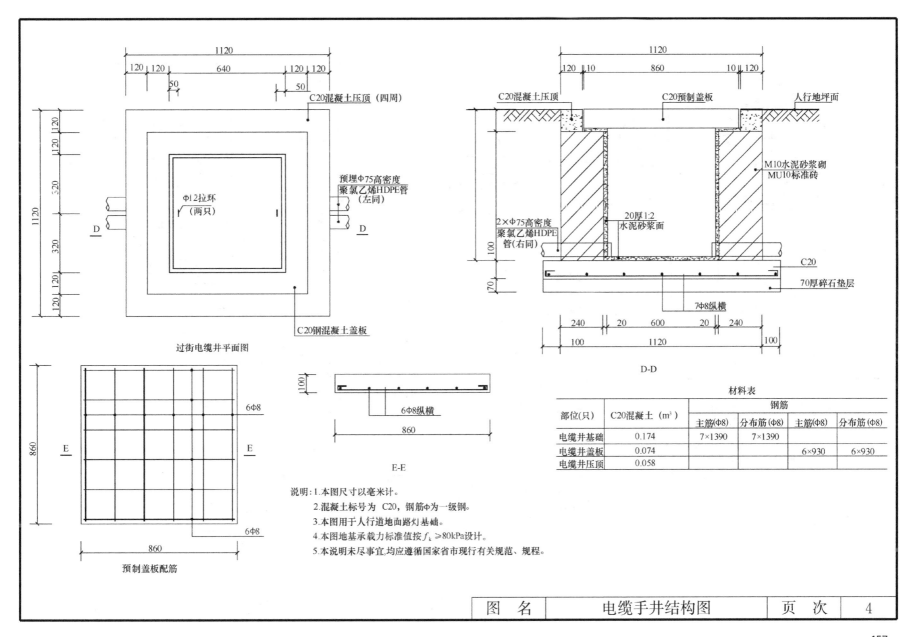

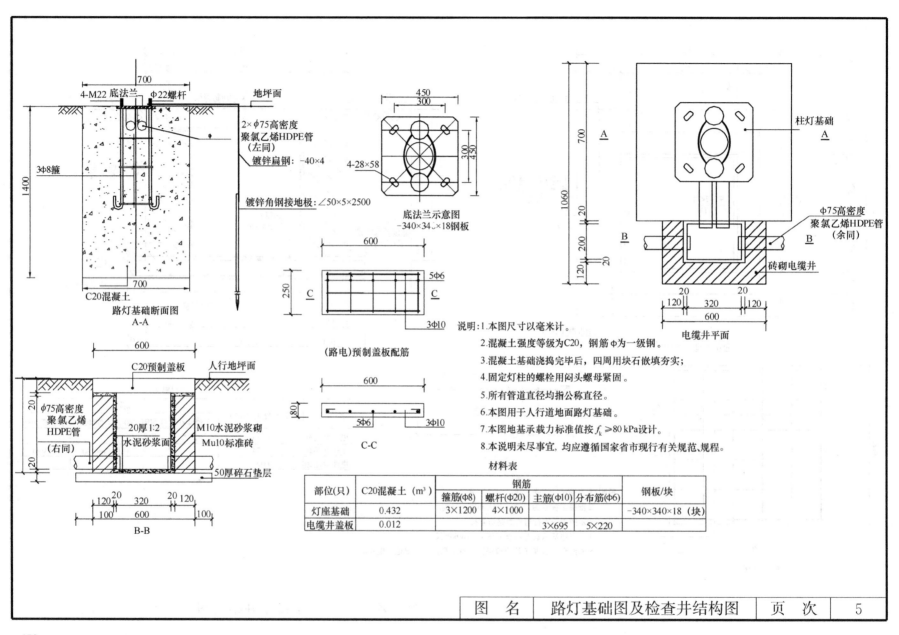

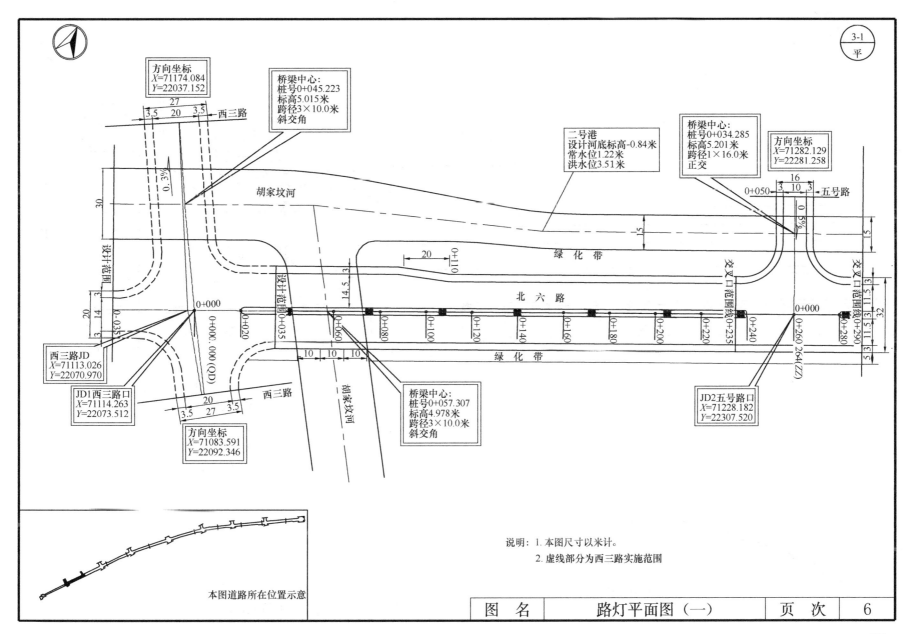

说明：1. 本图尺寸以米计。
2. 虚线部分为西三路实施范围

| 图 名 | 路灯平面图（一） | 页 次 | 6 |

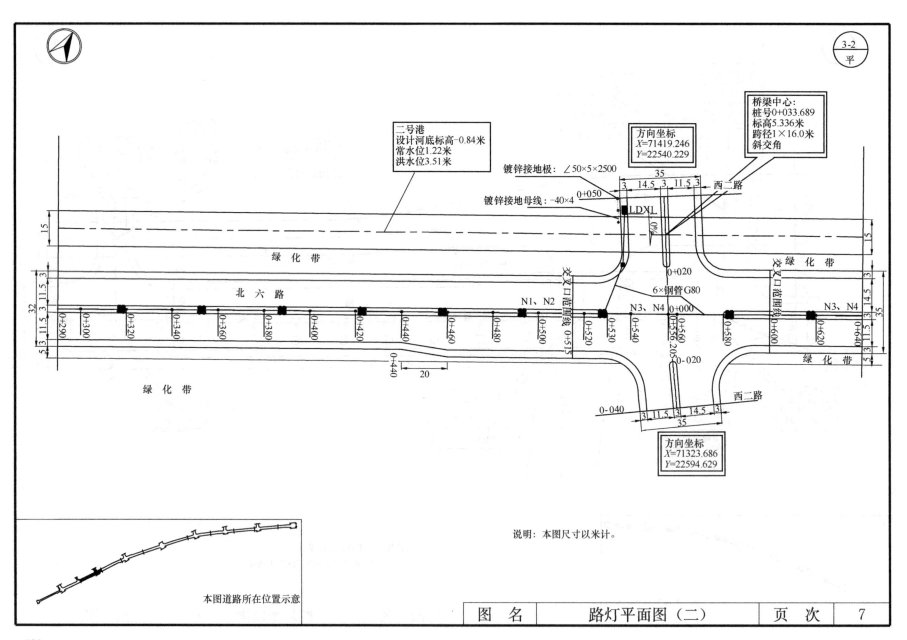

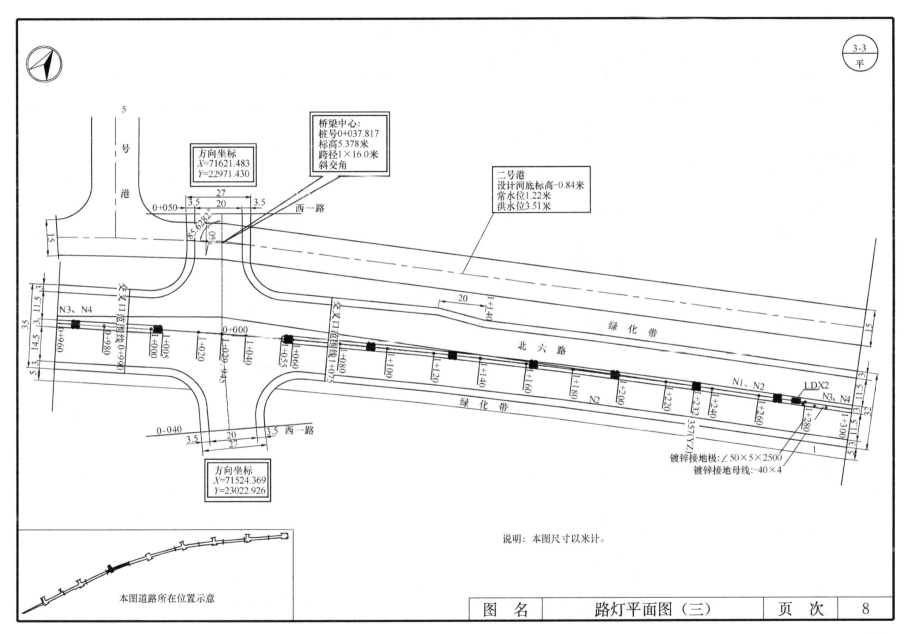

| 图 名 | 路灯平面图（三） | 页 次 | 8 |

附录：常用图例与符号

道路平面图中的常用图例和符号　　附表1

名称	图例	名称	图例	名称	图例	符号名称	符号
浆砌块石		房屋	独立成片	用材料	松	转角点	JD
水准点	BM编号/高程	高压电线		围墙		半径	R
						切线长度	T
导线点	编号/高程	低压电线		堤		曲线长度	L
						缓和曲线长度	L
转角点	JD编号	通讯线		路堑		外距	E
						偏角	α
铁路		水田		坟地		曲线起点	ZY
						第一缓和曲线起点	ZH
公路		旱地				第一缓和曲线终点	HY
大车道		菜地		变压器		第二缓和曲线起点	YH
						第二缓和曲线终点	HZ
桥梁及涵洞		水库鱼塘	塘	经济林	油茶	东	E
						西	W
水沟		坎		等高线冲沟		南	S
						北	N
河流		晒谷坪	谷	石质陡崖		横坐标	X
						纵坐标	Y
图根点		三角点		冲沟		圆曲线半径	R
						切线长	T
机场		指北针		房屋		曲线长	L
						外矢距	E

道路工程常用图例　　附表2

项目	序号	名称	图例	项目	序号	名称	图例
平面	1	涵洞		纵断面	12	箱涵	
	2	通道			13	管涵	
	3	分离式立交 a.主线上跨 b.主线下穿			14	盖板涵	
					15	拱涵	
	4	桥梁（大、中桥梁按实际长度绘）			16	箱型通道	
	5	互通式立交（按采用形式绘）			17	桥梁	
	6	隧道			18	分离式立交 a.主线上跨 b.主线下穿	
	7	养护机构					
	8	管理机构			19	互通式立交 a.主线上跨 b.主线下穿	
	9	防护网					
	10	防护栏					
	11	隔离墩					

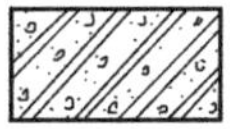

续表

项目	序号	名称	图例	项目	序号	名称	图例	项目	序号	名称	图例	项目	序号	名称	图例
材料	20	细粒式沥青混凝土		材料	28	水泥稳定土		材料	36	泥结碎砾石		材料	44	木材 横纵	
	21	中粒式沥青混凝土			29	水泥稳定砂砾			37	泥灰结碎砾石					
	22	粗粒式沥青混凝土			30	水泥稳定碎砾石			38	级配碎砾石			45	金属	
	23	沥青碎石			31	石灰土			39	填隙碎石			46	橡胶	
	24	沥青贯入碎砾石			32	石灰粉煤灰			40	天然砂砾					
	25	沥青表面处理			33	石灰粉煤灰土			41	干砌片石			47	自然土壤	
	26	水泥混凝土			34	石灰粉煤灰砂砾			42	浆砌片石			48	夯实土壤	
	27	钢筋混凝土			35	石灰粉煤灰碎砾石			43	浆砌块石			49	防水卷材	

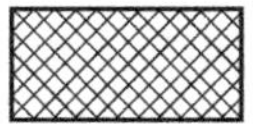

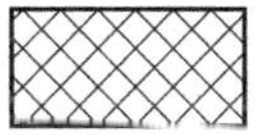

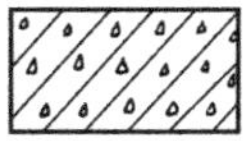

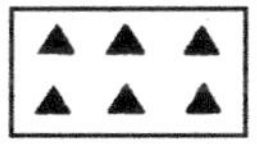

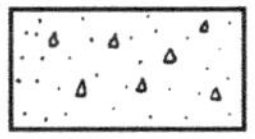

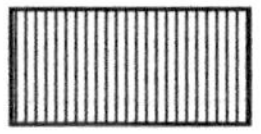

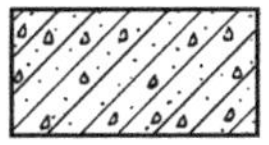

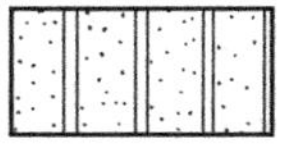

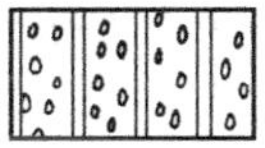

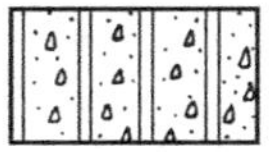

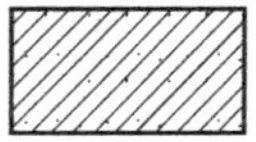

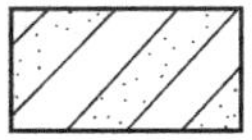

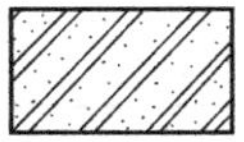

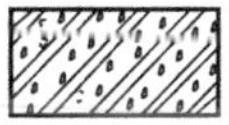

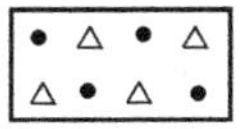

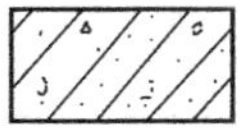

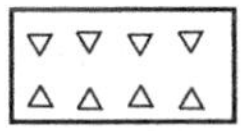

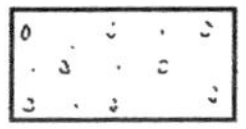

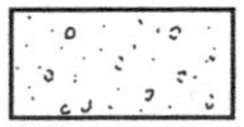

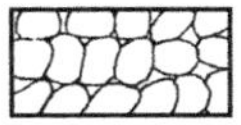

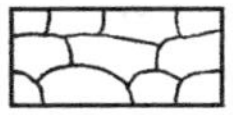

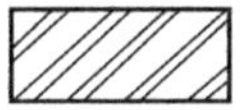

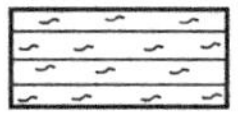

163

钢筋种类、符号、直径及外观形状表　　附表3

钢筋种类	符号	直径(mm)	外观形状	钢筋种类	符号	直径(mm)	外观形状
Ⅰ级钢筋	ϕ	6~20	光圆	冷拉Ⅱ级钢筋	Φ'	8~25 28~40	人字纹
Ⅱ级钢筋	Φ	8~25 28~40	人字纹	冷拉Ⅲ级钢筋	Φ'	8~40	人字纹
Ⅲ级钢筋	Φ	8~40	人字纹	冷拉Ⅳ级钢筋	Φ'	10~28	光圆或螺纹
Ⅳ级钢筋	Φ	10~28	螺旋纹	冷拉5号钢钢筋	ϕ'	10~40	螺纹
Ⅴ级钢筋	Φ	6、8、12	螺纹	冷拔高强钢丝(碳素)刻痕	ϕ^b ϕ^s ϕ^k	2.5~5	光圆
5号钢钢筋	ϕ	10~40	人字纹	钢绞线	ϕ^j	7.5~15	钢丝绞捻

常用型钢代号与规格的标注　　附表4

序号	名称	截面形式	代号规格	标注
1	钢板、扁钢		□宽×厚×长	□ b×t / L
2	角钢		L长边×短边×边厚×长	L B×b×d / L
3	槽钢		[高×翼缘宽×腹板厚×长	[N×b / L
4	工字钢		I高×翼缘宽×腹板厚×长	I N / L
5	方钢		□边宽×长	□ b / L
6	圆钢		ϕ直径×长	ϕb / L
7	钢管		ϕ外径×壁厚×长	$\phi d×t$ / L
8	卷边角钢		[边长×边长×卷边长×边厚×长	[b×b'×l×t / L

常用螺栓与螺孔的代号　　附表5

序号	名称	代号
1	已就位的普通螺栓	●
2	高强螺栓、普通螺栓的孔位	+(或⊕)
3	已就位的高强螺栓	⬤
4	已就位的销孔	◎
5	工地钻孔	✳ ⊕

常用焊缝的圆形符号和辅助符号　　　　　　　　　　　附表 6

序号	焊缝名称	图 例	图形符号	符号名称	图 式	辅助符号	标注方式
1	V形焊缝		V	三面周边焊缝	⊏⊐ / ⊏⊐ / ⊏⊐	⊏ / ⊏ / ⊏	
2	带钝边V形焊缝		Y				
3	对焊工型焊缝		‖				
4	单面贴角焊缝		△	带垫板符号		▭	
5	双面贴角焊缝		⧊	现场安装焊缝符号		⚑	⚑ 90°
6	塞焊		⊓	周围焊缝	▣	○	○

165